JN217065

マンガでわかる

ベイズ統計学

高橋　信／著
上地　優歩／作画
ウェルテ／制作

まえがき

本書は、書名のとおり、**ベイズ統計学**を解説した書籍です。

本書の想定読者は次のとおりです。

- ベイズ統計学をこれから学ぼうとしている方々
- 一般的な統計学とベイズ統計学の違いがわからずに困っている方々
- 大学の理系学部に進学したいと考えている高校生

本書を苦労せずに読み進めるためには、高等学校理系程度の知識が必要です。
一般的な統計学と呼ぶべきか従来の統計学と呼ぶべきか常識的な統計学と呼ぶべきか、ともあれ、その知識がなくても読むのにはそれほど困らないはずです。

本書の構成は、

- 第１書　ベイズ統計学とは？
- 第２章　基礎知識
- 第３章　尤度関数
- 第４章　ベイズの定理
- 第５章　マルコフ連鎖モンテカルロ法
- 第６章　マルコフ連鎖モンテカルロ法の活用例

というものからなります。第４章まではそれほど難しくありません。第５章から、説明の難易度が格段に高まります。
原則として各章は、

- マンガ部分
- マンガ部分を補足する文章部分

という構成からなります。後者のない章もあります。マンガ部分しか読まなくても後の章を読むのに苦労しないような記述に努めています。

本書では計算の過程が細かく記されています。数学が得意な読者はじっくり目で追うといいでしょう。あまり得意でない読者と時間に余裕のない読者は眺める程度で充分です。つまり、「とにかくこういう手順を踏めば解が求められるようだ」といった具合に、おおまかな流れをつかむ程度で充分です。無理に今すぐ理解しようとする必要はありません。あせらずのんびりいきましょう。ただし必ず眺めるようにはしてください。

私に執筆の機会をくださった株式会社オーム社の皆様にお礼申し上げます。特に、私の初めての単著である『マンガでわかる統計学』から一貫して拙稿を担当してくださっている、津久井靖彦氏に深くお礼申し上げます。私の原稿のマンガ化に尽力された上地優歩氏と株式会社ウェルテにお礼申し上げます。

2017 年 11 月

高橋　信

目　　次

付録

序章

ベイズ統計学を学びたい！

ここが
茜先生の大学……
紺野ななみ
どら家
小学生の時に
家庭教師をしてくれた
茜先生が
大学の准教授かあ……
そっか！
茜先生
やさしくて
教えるのも
うまかったもんね～

よし！
今日から
ベイズ統計学の
勉強をがんばるぞ！
プラ
プラ
スタ スタ
んーと…
スタ スタ スタ
エレベーターは
…と

ここだ！

424
夏木茜
コンコン
どうぞ

失礼します！
ガチャ…

わあ!?
す…すみません
部屋を
間違えました!!

いえいえ
間違ってませんよ
ニッコリ
へっ!?

茜先生！
お久しぶりです！
待ってたわよ
ななみちゃん
ひょいっ
きゃー♡
最後に会ったのは
大学入試の頃
だったっけ？
メールとかでは
連絡とってたけど
生身のななみちゃんは
ほんと久しぶり！
はい
茜先生は
お変わりなく
424
夏木茜
このたびは
ベイズ統計学の授業を
お引き受けいただき
ありがとうございます
これ
つまらない
ものですが……
あら
いいのに
ありがとう

でも
びっくり
しちゃった
突然
ベイズ統計学を
教えて欲しいだ
なんて
すいません……
母と話してたら
茜先生が大学で
統計学を教えてる
らしいって聞いて……

いいのよ
ななみちゃんの
役に立てるなら
うれしい！
ニコ

先生……
…じーーん…

そうですか
あなたが
ベイズ統計学を
勉強したいという方ですか
ズイッ
は
はい……
ビクッ

ななみちゃん
こちらは
灰田教授です
実は今回の
授業のこと
なんだけど……

?
はい……

おお
いいタイミングです
失礼致します
灰田先生がこちらに
いらっしゃると
聞いたのですが……？
や。
あ。
ガチャ

コンコン
!

紹介しましょう！
以前に私の
研究室にいた
山吹大介くんです
彼も
ベイズ統計学を
学びたいそう
でしてね

山吹くん、
今回の授業の件を
お願いする
夏木茜先生です！
山吹大介です
よろしくお願い
致します
夏木茜です
よろしく
お願いします
ペコ‥
キョトン‥

……と
いうことなの
合同…?

さて
そろそろ
会議なので
私は行かなく
ては……

それでは
みなさん
失礼します！

パタ
ン…
……

それでは
あらためまして
夏木茜です
よろしく
ななみちゃん
山吹さん
……まあ
灰田先生から
突然頼まれて私も
驚きましたけど……
1人に教えるのも
2人に教えるのも
そう変わりは
ないしね！
ちら…

山吹大介です
リサーチ系の
仕事をしています
よろしく
お願い致します
紺野ななみです
よろしく
お願いします！
ペコ

私と似たような
仕事をしている
のかあ……
静かそうな
人だな……

ピィ
ガーン

ま、いいか
とにかく
がんばろうっと！
ななみちゃんが
持ってきてくれた
どら焼き
いただこうっと！

第1章

ベイズ統計学とは？

1. ベイズ統計学

2. 一般的な統計学とベイズ統計学の違い

1. ベイズ統計学

どら～あわせ
どら～家

もく　もく　もく　もく

じゃあ今日は初回なので
ベイズ統計学がどういうものかを
説明します
ズズー…
ガタ…

それを
知りたかったんです！
ばっ
ビクッ

そもそも
ベイズ統計学って
何ですか？
私が学生時代に
勉強した統計学……
回帰分析とか
因子分析とかよりも
高度な分析手法ですか？

いいえ
ベイズ統計学は
分析手法の名前じゃなくて
一般的な統計学と
対をなす統計学と言えます
スッ

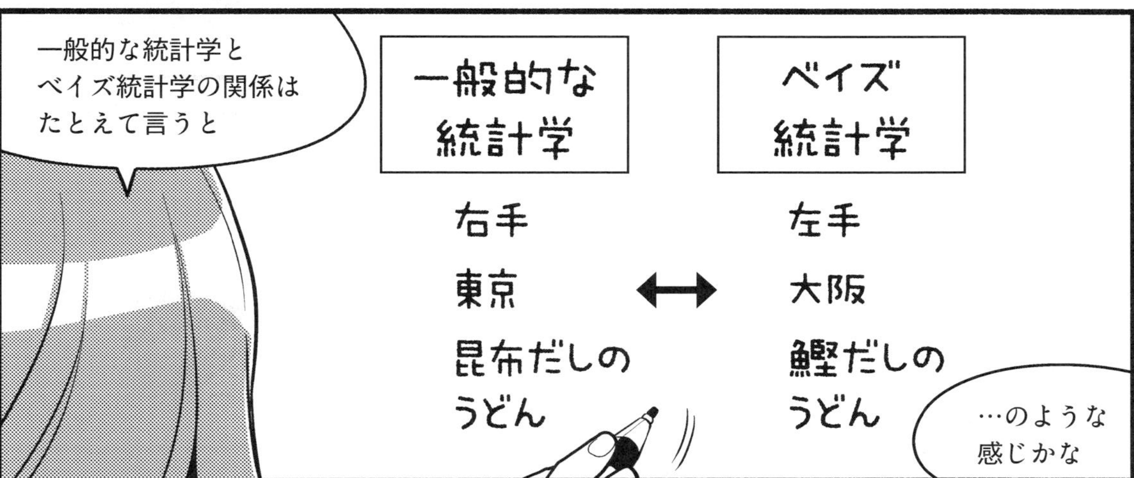
一般的な統計学と
ベイズ統計学の関係は
たとえて言うと
一般的な統計学
ベイズ統計学
右手
左手
東京
大阪
昆布だしのうどん
鰹だしのうどん
…のような感じかな

要するに
どっちのほうが
優れているとか
比較できるものではない
ということでしょうか？
えっ
うどんですか……!?

そういうこと！
その証拠に
ベイズ統計学に立脚していても
回帰分析や因子分析などを
おこなえるんですよ

はい！
じゃあ
２つの統計学の違いは
どこにあるんでしょう？

確率に対する
考え方にあります
ゴツ
例を示しましょう

私が持っている
歪みのない精巧な造りの
このサイコロ
１の目が出る確率は
いくつでしょうか？
$\frac{1}{6}$です！
そのとおり
では
次に示す例を
考えてください
キュキュッ
なな

ななみちゃんの彼氏は、デートの約束の時刻に遅れる傾向が
あります。さて今日の 19 時から、2 人が付き合い始めてから
1 周年の、記念すべきディナーが予定されています。
ななみちゃんの彼氏が
遅刻しない確率を求めてください

?

……えーっと私
いま彼氏いないん
ですけど……

……
もじ もじ

あら……
ごめん……
まあ
例だから
気にしないで
は、はい

……うーん
どうやって計算すれば
いいんでしょう？
……
計算のしようが
ないのでは
ないでしょうか？

そのとおり！
えっ
計算できないんですか⁉

そうなの

でもこういう場合に
私たち人間は
・記念日であることと遅刻癖の双方を考慮すると、
遅刻しない確率は $\frac{1}{2}$ 前後だ。
・さすがに記念日だから遅刻しないだろう。
つまり遅刻しない確率は 1 だ。
といった具合に
「個人的な信念の度合い」を
確率と見なす場合が
少なくないですよね？

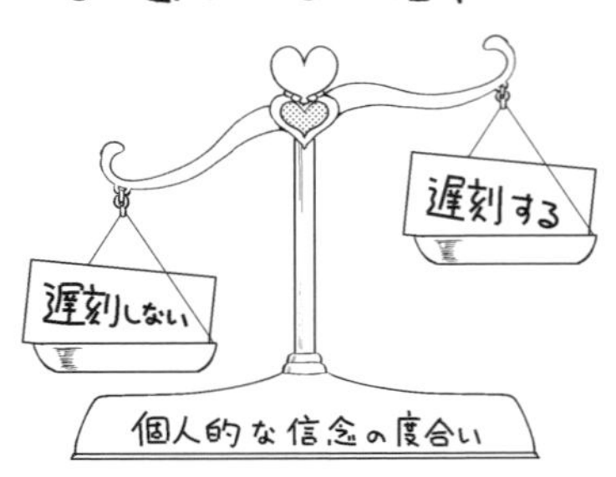
遅刻する
遅刻しない
個人的な信念の度合い

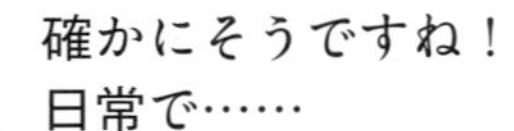
確かにそうですね！
日常で……

オープンしたての
このカフェが 1 年後まで
持ちこたえる可能性は
五分五分かな。
Cafe Kissa
NEW OPEN
うーん…

いま終えた 1 次の筆記試験の
手応えからすると、
2 次の面接に進めるのは
99% 間違いない！
絶対大丈夫！
94
って思ったり
することは
結構あります

確率とは
「個人的な信念の度合い」のことだと
定義するとともに
主観確率と名づける
そうでしょ？
ベイズ統計学
確率＝個人的な信念の度合い
それが
ベイズ統計学です
面白い
発想ですね

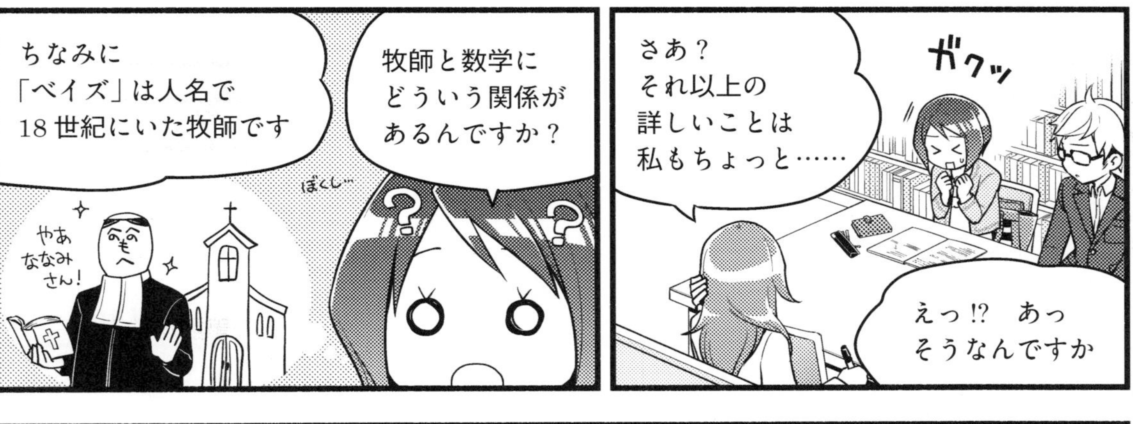
ちなみに
「ベイズ」は人名で
18 世紀にいた牧師です
やあ
ななみ
さん！
牧師と数学に
どういう関係が
あるんですか？
さあ？
それ以上の
詳しいことは
私もちょっと……
ガクッ
えっ!?　あっ
そうなんですか

後で自分で
調べてみます！
……

2. 一般的な統計学とベイズ統計学の違い

一般的な統計学	ベイズ統計学

一般的な統計学

① 母集団から n 人を無作為に抽出し、彼らのデータの平均である $\bar{x}_1$ などを求め、n 人を母集団に戻す。

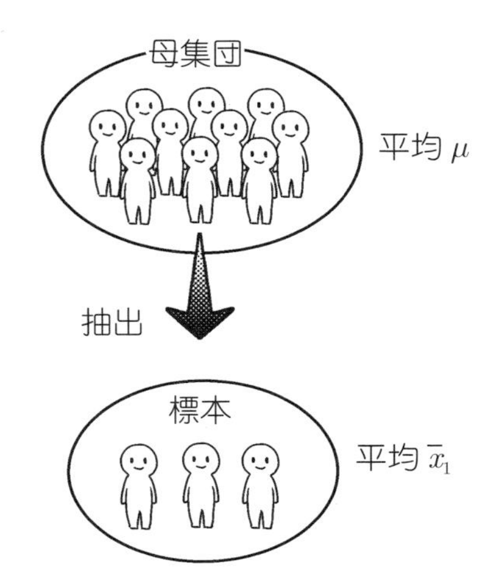

② ①の行為を T 回おこなったなら、$\frac{\bar{x}_1+\bar{x}_2+\cdots+\bar{x}_T}{T}$ はおおよそ μ であると見做せることが知られている。とは言え①の行為を何度もおこなうのは現実の世界において困難なので $T=1$ と定め、①における $\bar{x}_1$ などの情報に基づいて μ の推定値を求める。

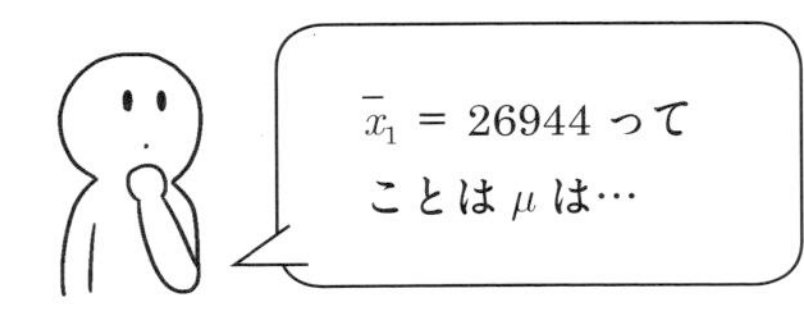

ベイズ統計学

① 常識や経験などに基づいて仮説を立てる。

② 母集団から n 人を（無作為に）抽出し、彼らのデータの平均である $\bar{x}$ などを求める。

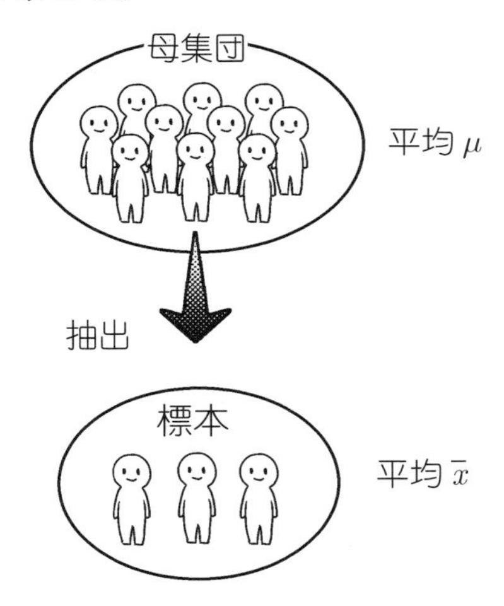

③ ①における仮説と②における $\bar{x}$ などの情報に基づいて**ベイズの定理**と呼ばれるものを用いて計算をおこない、結論を下す。

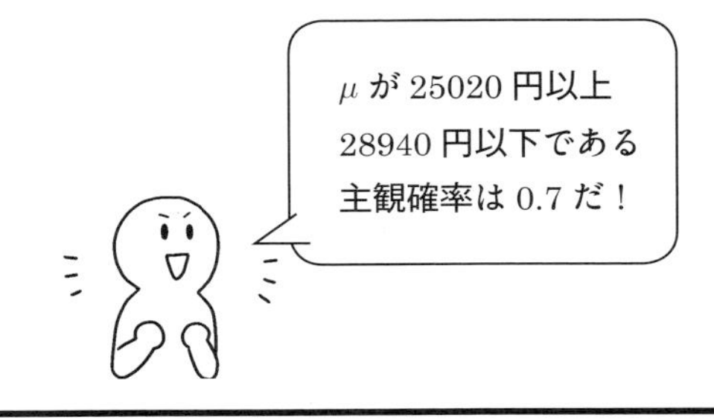

いま示した例のように
ベイズ統計学の結論では
μの推定値と主観確率が
合わせて提示されます
“必ず”ではないんですけどね

分析者の仮説を
分析に織り込む
っていうのが
前向きな感じで
いいですね
「主体的に取り組んでる！」
っていう気持ちになるでしょ？
なります！
とっても
なります！

ふふ……
一生懸命なところは
子供の頃から
変わらないわねえ

……お二人は昔からの
知り合いなんですか？

茜先生は
私が小学生の時の
家庭教師なんです！
ななみちゃんは
勉強熱心な
いい子でね
それに誕生日が
一緒だったりも
したものだから
思い出も多くって……

そうでしたか……

今日は初回なので
これくらいに
しておきましょう
次は来週の
土曜日に
来てくださいね
よろしくお願い
致します！

OHM

チラ

チラ

会話
会話
あの…
どうして
山吹さんは
ベイズ統計学を
勉強しようと？

……仕事に
役立てようかと……

私も同じです！

……
……そっ
そうですか……

私、大学で統計学を
少しは勉強したので
今のところは仕事を
どうにかやって
いけてるんですが……
ベイズ統計学の名前を
だんだん聞くようになって
本を読んでみたんですけど
よくわからなくて……
なるほど……

山吹さんも同じように
悩んでたんですね！
来週も
がんばりましょう！
……そうですね

スタスタスタスタスタスタスタスタ

スタスタスタ
ピ

じゃあ、私は
こっちなので……
ペコ
はい
ではまた！

授業が最終回まで
スムーズに進まなかったら
茜先生、灰田教授に
何か言われちゃうよなあ……
うーん……
あっ！
ゴゴゴ
ゴゴゴ…
ひぃぃ

ガャ
ガャ
……うーん……
山吹さんと
うまくやっていける
かなあ……

さっき教わった
主観確率……
よし！

今の時点で……
Memo note
山ぶきさんと
仲良くなる
確率☆
Hello!
15%
ぐりぐり
うーん……
良くて
15%ってとこ
かなあ……

早く 100%に
近づくといいな……

よし！
がんばるぞ！
おノっ

第2章

基礎知識

茜先生
遅いですね
……
そうですね……

チッ
チッ
チッ
チッ

話題
話題…

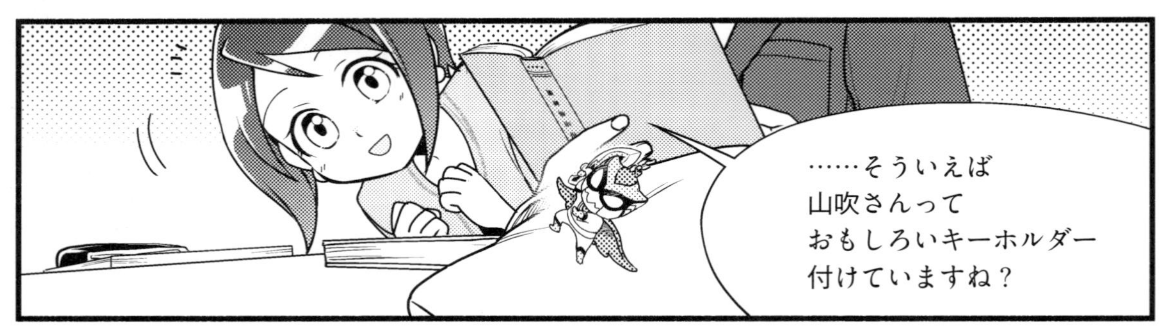
……そういえば
山吹さんって
おもしろいキーホルダー
付けていますね？

えっ？　ああ
これは
シャオームっていう
ヒーローの
キーホルダーです
プラン

シャオームって
結構昔のヒーロー
ですよね
毎週日曜
朝7:00~7:30放送
超変身戦士
シャオーム
お好き
なんですか？

はい
実は今回の
ベイズ統計学の勉強も
シャオームをきっかけに
始めようと……

はっ

ガチャ
ごめんなさい
お待たせしちゃって！
バンッ
ばた
ばた

いや、なんでも
ないです……
え？？？
それって
どういう……

シャオームをきっかけに
ベイズ統計学って
どういうこと
なんだろう……？

よろしく
お願い致します
いえいえ全然です
今日もよろしく
お願いします

私の授業の流れを
図にしてみました

授業の構成

準備	基礎知識	尤度関数

本題	ベイズの定理	マルコフ連鎖モンテカルロ法

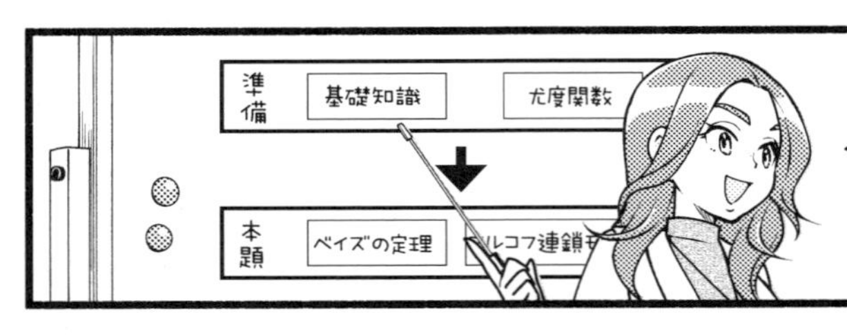

1. 期待値と分散と標準偏差

1.1 期待値

荒くれ者で知られる海賊五人衆がいます。
ある日、豪勢な造りの宝箱を手に入れました。
開けたところ、金貨が 150 枚入っていました。

150 枚のうちの 50 枚は、お頭（かしら）が無条件に戴（いただ）きです。
残りの 100 枚の割り当ても、お頭の胸三寸で決まります。

お頭は
こう考えました。

今回は 4 人の子分が等しく立派に働いたけれども、
100 枚を 4 等分して 25 枚ずつ配るよりは、

得られる金貨の枚数 X	60	20	10
当籤確率 $P(X)$	$\frac{1}{4}$	$\frac{1}{4}$	$\frac{2}{4}$

という籤（くじ）を引かせるほうが
今後の士気につながるのでないかと。

お頭の機智が
子分にどう響くのかは
気にしないでね

気にしてほしいのは
次のものが
「Xの**期待値**」とか「Xの**平均**」と
呼ばれることです。

Xの期待値は
$E(X)$と表記するのが
一般的です。

$$
\begin{aligned}
E(X) &= 60 \times P(X=60) + 20 \times P(X=20) + 10 \times P(X=10) \\
&= 60 \times \frac{1}{4} + 20 \times \frac{1}{4} + 10 \times \frac{2}{4} \\
&= \frac{60 \times 1 + 20 \times 1 + 10 \times 2}{4} \\
&= 25
\end{aligned}
$$

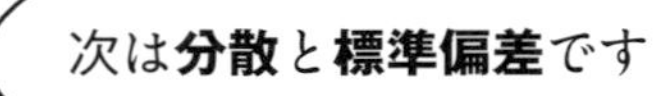

1.2　分散と標準偏差

先ほどの期待値も
説明に使うので
気をつけてください

引き続き
海賊五人衆の例で
説明します

得られる金貨の枚数 X	60	20	10
$(X-E(X))^2$	$(60-25)^2$	$(20-25)^2$	$(10-25)^2$
$P(X)$	$\frac{1}{4}$	$\frac{1}{4}$	$\frac{2}{4}$

次のものを
「Xの**分散**」と言います

$V(X)$と表記するのが
一般的です。

$$
\begin{aligned}
V(X) &= E((X-E(X))^2) \\
&= (60-25)^2 \times P(X=60) + (20-25)^2 \times P(X=20) + (10-25)^2 \times P(X=10) \\
&= (60-25)^2 \times \frac{1}{4} + (20-25)^2 \times \frac{1}{4} + (10-25)^2 \times \frac{2}{4} \\
&= \frac{(60-25)^2 \times 1 + (20-25)^2 \times 1 + (10-25)^2 \times 2}{4} \\
&= 425
\end{aligned}
$$

そして次のものを
「Xの**標準偏差**」と言います

$D(X)$ などと
表記されます

$$D(X) = \sqrt{V(X)} = \sqrt{425} = 20.6$$

分散の平方根ですね

※高橋信『マンガでわかる統計学』（オーム社）の49ページでそのように説明しています。

2. 確率分布

以下に示す 3 つの表のような $X = x_i$ と $P(X = x_i)$ の組を「 X の**確率分布**」と言います

X を**確率変数**と言います

得られる金貨の枚数 X	60	20	10
$P(X)$	$\frac{1}{4}$	$\frac{1}{4}$	$\frac{2}{4}$

サイコロを投げた際に出る面 X	1	2	3	4	5	6
$P(X)$	$\frac{1}{6}$	$\frac{1}{6}$	$\frac{1}{6}$	$\frac{1}{6}$	$\frac{1}{6}$	$\frac{1}{6}$

10 円玉を 3 枚投げた際に表の出る枚数 X	0	1	2	3
$P(X)$	$\frac{1}{8}$	$\frac{3}{8}$	$\frac{3}{8}$	$\frac{1}{8}$

今日は教科書で必ず言及されるような主要な確率分布をいくつか紹介します

- 一様分布
- 二項分布
- 多項分布
- 正規分布
- t 分布
- 逆ガンマ分布

具体的に言うとこれらです

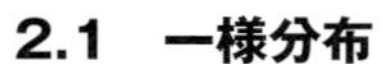

2.1 一様分布

サイコロを投げた際に出る面 X	1	2	3	4	5	6
$P(X)$	$\frac{1}{6}$	$\frac{1}{6}$	$\frac{1}{6}$	$\frac{1}{6}$	$\frac{1}{6}$	$\frac{1}{6}$

見てわかるように

$$P(X=1)=P(X=2)=P(X=3)=P(X=4)=P(X=5)=P(X=6)=\frac{1}{6}$$

という関係が成立しています

サイコロを投げた際に出る面 X	1	2	3	4	5	6
$P(X)$	$\frac{1}{6}$	$\frac{1}{6}$	$\frac{1}{6}$	$\frac{1}{6}$	$\frac{1}{6}$	$\frac{1}{6}$

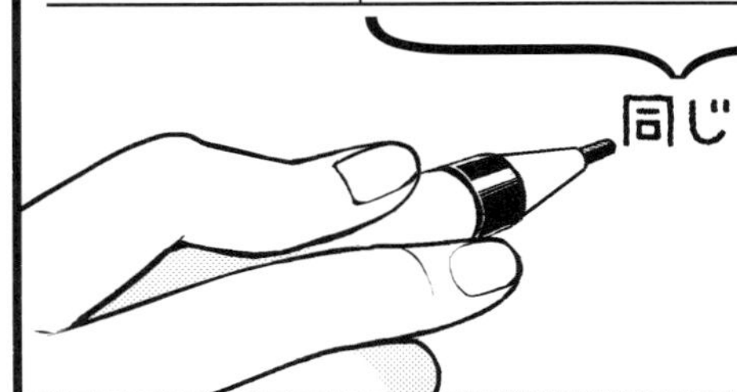

この例のように

$$P(X=x_1)=\cdots=P(X=x_n)=\frac{1}{n}$$

という関係が成立している場合に
「Xは**一様分布**にしたがう」と表現します

2.2 二項分布

続いて二項分布ね
山吹さんの家の近くにある豆腐屋では毎週日曜日に福引を催しています
あかね豆腐店
変わった豆腐屋ですね…
福引

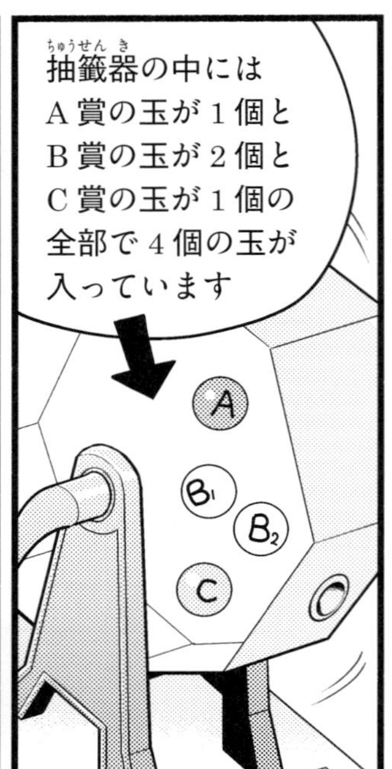
抽籤器の中にはA賞の玉が1個とB賞の玉が2個とC賞の玉が1個の全部で4個の玉が入っています

現実的な仮定じゃないのは許してほしいんだけど1回引くたびに玉は抽籤器に戻されるとします
3回引く機会を山吹さんは得ました
RESET!!

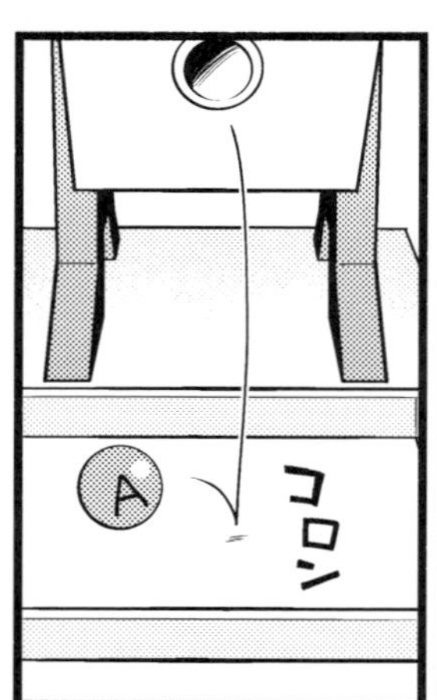
コロン

ということは3回の玉の出方には64の可能性が存在しますね

3回の玉の出方

	1回目	→	2回目	→	3回目
1	A	→	A	→	A
2	A	→	A	→	B1
3	A	→	A	→	B2
4	A	→	A	→	C
5	A	→	B1	→	A
6	A	→	B1	→	B1
7	A	→	B1	→	B2
8	A	→	B1	→	C
9	A	→	B2	→	A
10	A	→	B2	→	B1
11	A	→	B2	→	B2
12	A	→	B2	→	C
13	A	→	C	→	A
14	A	→	C	→	B1
15	A	→	C	→	B2
16	A	→	C	→	C
17	B1	→	A	→	A
18	B1	→	A	→	B1
19	B1	→	A	→	B2
20	B1	→	A	→	C
21	B1	→	B1	→	A
22	B1	→	B1	→	B1
23	B1	→	B1	→	B2
24	B1	→	B1	→	C
25	B1	→	B2	→	A
26	B1	→	B2	→	B1
27	B1	→	B2	→	B2
28	B1	→	B2	→	C
29	B1	→	C	→	A
30	B1	→	C	→	B1
31	B1	→	C	→	B2
32	B1	→	C	→	C

	1回目	→	2回目	→	3回目
33	B2	→	A	→	A
34	B2	→	A	→	B1
35	B2	→	A	→	B2
36	B2	→	A	→	C
37	B2	→	B1	→	A
38	B2	→	B1	→	B1
39	B2	→	B1	→	B2
40	B2	→	B1	→	C
41	B2	→	B2	→	A
42	B2	→	B2	→	B1
43	B2	→	B2	→	B2
44	B2	→	B2	→	C
45	B2	→	C	→	A
46	B2	→	C	→	B1
47	B2	→	C	→	B2
48	B2	→	C	→	C
49	C	→	A	→	A
50	C	→	A	→	B1
51	C	→	A	→	B2
52	C	→	A	→	C
53	C	→	B1	→	A
54	C	→	B1	→	B1
55	C	→	B1	→	B2
56	C	→	B1	→	C
57	C	→	B2	→	A
58	C	→	B2	→	B1
59	C	→	B2	→	B2
60	C	→	B2	→	C
61	C	→	C	→	A
62	C	→	C	→	B1
63	C	→	C	→	B2
64	C	→	C	→	C

さて3回引くうちで
A賞の玉が出る回数を
Xとしします

山吹さんの表からわかるように
たとえばA賞の玉が
2回出る確率である $P(X=2)$ は $\frac{9}{64}$ です

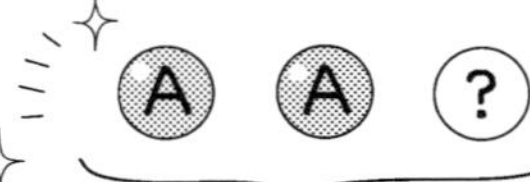

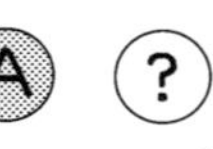

64の可能性のうち
A賞の玉が2回出るのは9とおり

3回引くうちで A賞の玉が0回出る確率	$P(X=0)=\frac{27}{64}=1\times1\times\frac{27}{64}={}_3C_0\left(\frac{1}{4}\right)^0\left(\frac{3}{4}\right)^{3-0}$
3回引くうちで A賞の玉が1回出る確率	$P(X=1)=\frac{27}{64}=3\times\frac{1}{4}\times\frac{9}{16}={}_3C_1\left(\frac{1}{4}\right)^1\left(\frac{3}{4}\right)^{3-1}$
3回引くうちで A賞の玉が2回出る確率	$P(X=2)=\frac{9}{64}=3\times\frac{1}{16}\times\frac{3}{4}={}_3C_2\left(\frac{1}{4}\right)^2\left(\frac{3}{4}\right)^{3-2}$
3回引くうちで A賞の玉が3回出る確率	$P(X=3)=\frac{1}{64}=1\times\frac{1}{64}\times1={}_3C_3\left(\frac{1}{4}\right)^3\left(\frac{3}{4}\right)^{3-3}$

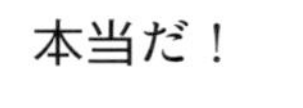

ちなみに二項分布における期待値と分散は、

- $E(X)=nq$
- $V(X)=nq(1-q)$

です。これらの式が成立することを福引の例で次ページからたしかめましょう。

■期待値 $E(X)$

$$
\begin{aligned}
E(X) &= 0\times P(X=0)+1\times P(X=1)+2\times P(X=2)+3\times P(X=3)\\
&= 1\times P(X=1)+2\times P(X=2)+3\times P(X=3)\\
&= 1\times {}_3C_1\left(\frac{1}{4}\right)^1\left(\frac{3}{4}\right)^{3-1}+2\times {}_3C_2\left(\frac{1}{4}\right)^2\left(\frac{3}{4}\right)^{3-2}+3\times {}_3C_3\left(\frac{1}{4}\right)^3\left(\frac{3}{4}\right)^{3-3}\\
&= 1\times\frac{3!}{1!\times(3-1)!}\left(\frac{1}{4}\right)^1\left(\frac{3}{4}\right)^{3-1}+2\times\frac{3!}{2!\times(3-2)!}\left(\frac{1}{4}\right)^2\left(\frac{3}{4}\right)^{3-2}+3\times\frac{3!}{3!\times(3-3)!}\left(\frac{1}{4}\right)^3\left(\frac{3}{4}\right)^{3-3}\\
&= \frac{3!}{0!\times(3-1)!}\left(\frac{1}{4}\right)^1\left(\frac{3}{4}\right)^{3-1}+\frac{3!}{1!\times(3-2)!}\left(\frac{1}{4}\right)^2\left(\frac{3}{4}\right)^{3-2}+\frac{3!}{2!\times(3-3)!}\left(\frac{1}{4}\right)^3\left(\frac{3}{4}\right)^{3-3}\\
&= 3\times\frac{1}{4}\times\left\{\frac{2!}{0!\times(3-1)!}\left(\frac{1}{4}\right)^0\left(\frac{3}{4}\right)^{3-1}+\frac{2!}{1!\times(3-2)!}\left(\frac{1}{4}\right)^1\left(\frac{3}{4}\right)^{3-2}+\frac{2!}{2!\times(3-3)!}\left(\frac{1}{4}\right)^2\left(\frac{3}{4}\right)^{3-3}\right\}\\
&= 3\times\frac{1}{4}\times\left\{\frac{2!}{0!\times(2-0)!}\left(\frac{1}{4}\right)^0\left(\frac{3}{4}\right)^{2-0}+\frac{2!}{1!\times(2-1)!}\left(\frac{1}{4}\right)^1\left(\frac{3}{4}\right)^{2-1}+\frac{2!}{2!\times(2-2)!}\left(\frac{1}{4}\right)^2\left(\frac{3}{4}\right)^{2-2}\right\}\\
&= 3\times\frac{1}{4}\times\left\{{}_2C_0\left(\frac{1}{4}\right)^0\left(\frac{3}{4}\right)^{2-0}+{}_2C_1\left(\frac{1}{4}\right)^1\left(\frac{3}{4}\right)^{2-1}+{}_2C_2\left(\frac{1}{4}\right)^2\left(\frac{3}{4}\right)^{2-2}\right\}\\
&= 3\times\frac{1}{4}\times 1\\
&= 3\times\frac{1}{4}\\
&= nq
\end{aligned}
$$

■分散 $V(X)$

説明に手間を要するため詳細は省略するが、

$$
\begin{aligned}
V(X) &= E(X^2)-\left\{E(X)\right\}^2\\
&= E(X^2-X)+E(X)-\left\{E(X)\right\}^2
\end{aligned}
$$

という関係が成立する。最下行の第 1 項は次のとおりである。

$$
\begin{aligned}
E(X^2-X) &= (0^2-0)\times P(X=0)+(1^2-1)\times P(X=1)+(2^2-2)\times P(X=2)+(3^2-3)\times P(X=3)\\
&= (2^2-2)\times P(X=2)+(3^2-3)\times P(X=3)\\
&= 2(2-1)\times {}_3C_2\left(\frac{1}{4}\right)^2\left(\frac{3}{4}\right)^{3-2}+3(3-1)\times {}_3C_3\left(\frac{1}{4}\right)^3\left(\frac{3}{4}\right)^{3-3}\\
&= 2(2-1)\times \frac{3!}{2!\times(3-2)!}\left(\frac{1}{4}\right)^2\left(\frac{3}{4}\right)^{3-2}+3(3-1)\times \frac{3!}{3!\times(3-3)!}\left(\frac{1}{4}\right)^3\left(\frac{3}{4}\right)^{3-3}\\
&= \frac{3!}{0!\times(3-2)!}\left(\frac{1}{4}\right)^2\left(\frac{3}{4}\right)^{3-2}+\frac{3!}{1!\times(3-3)!}\left(\frac{1}{4}\right)^3\left(\frac{3}{4}\right)^{3-3}\\
&= \frac{3!}{0!\times(1-0)!}\left(\frac{1}{4}\right)^2\left(\frac{3}{4}\right)^{1-0}+\frac{3!}{1!\times(1-1)!}\left(\frac{1}{4}\right)^3\left(\frac{3}{4}\right)^{1-1}\\
&= 3\times 2\times\left(\frac{1}{4}\right)^2\times\left\{\frac{1!}{0!\times(1-0)!}\left(\frac{1}{4}\right)^0\left(\frac{3}{4}\right)^{1-0}+\frac{1!}{1!\times(1-1)!}\left(\frac{1}{4}\right)^1\left(\frac{3}{4}\right)^{1-1}\right\}\\
&= 3\times 2\times\left(\frac{1}{4}\right)^2\times\left\{{}_1C_0\left(\frac{1}{4}\right)^0\left(\frac{3}{4}\right)^{1-0}+{}_1C_1\left(\frac{1}{4}\right)^1\left(\frac{3}{4}\right)^{1-1}\right\}\\
&= 3\times 2\times\left(\frac{1}{4}\right)^2\times 1\\
&= 3\times 2\times\left(\frac{1}{4}\right)^2\\
&= n(n-1)q^2
\end{aligned}
$$

したがって $V(X)$ は次のとおりである。

$$
\begin{aligned}
V(X) &= E(X^2-X)+E(X)-\left\{E(X)\right\}^2\\
&= n(n-1)q^2+nq-(nq)^2\\
&= n^2q^2-nq^2+nq-(nq)^2\\
&= nq(1-q)
\end{aligned}
$$

2.3 多項分布

※ 35ページを参照してください。

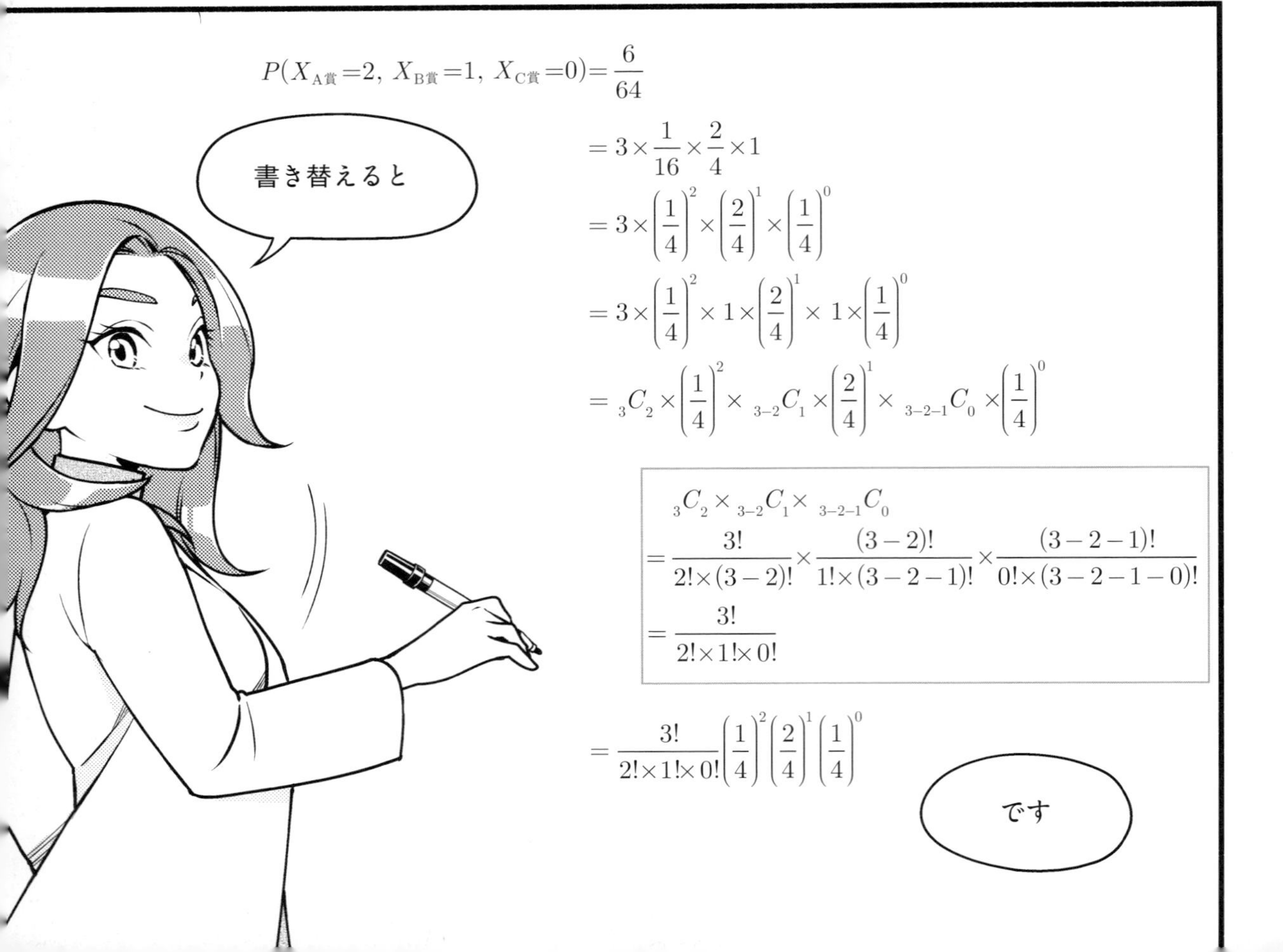

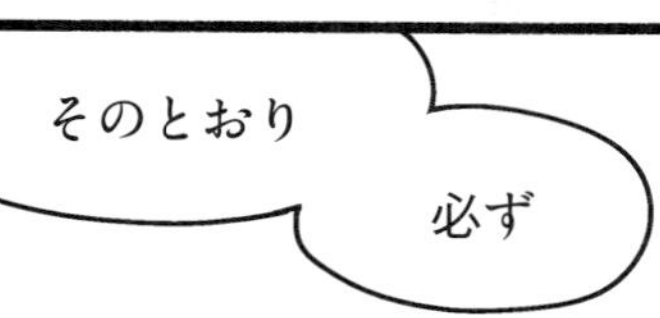

$$P(X_{\text{A賞}}=x_{\text{A賞}},\ X_{\text{B賞}}=x_{\text{B賞}},\ X_{\text{C賞}}=x_{\text{C賞}})=\frac{(x_{\text{A賞}}+x_{\text{B賞}}+x_{\text{C賞}})!}{x_{\text{A賞}}!\times x_{\text{B賞}}!\times x_{\text{C賞}}!}\left(\frac{1}{4}\right)^{x_{\text{A賞}}}\left(\frac{2}{4}\right)^{x_{\text{B賞}}}\left(\frac{1}{4}\right)^{x_{\text{C賞}}}$$

と書き替えられます

X_i の取りうる値は 0 から n までの整数であり、

$$P(X_1=x_1,\cdots,X_k=x_k)=\frac{n!}{x_1!\times\cdots\times x_k!}q_1^{x_1}\cdots q_k^{x_k}$$

$$(n=x_1+\cdots+x_k)$$

という関係が
成立している場合に

「$X_1,\cdots,X_k$ は、n が★で q_1 が▲で… q_k が◆の
多項分布にしたがう」

と表現します

二項分布の
拡大版って感じですね

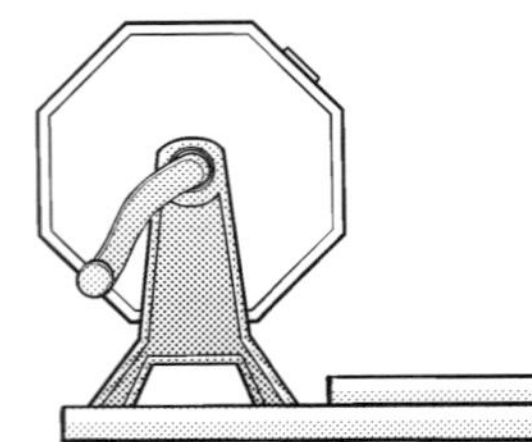

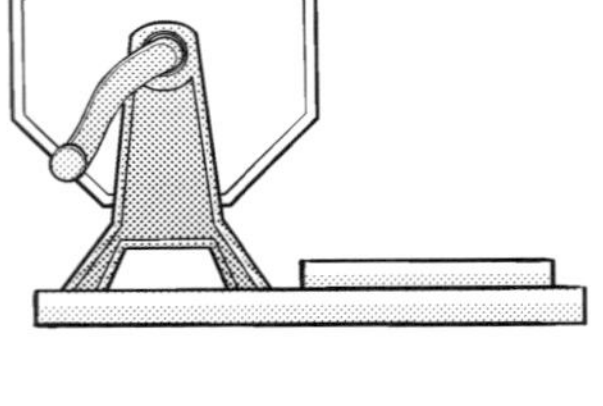

t 回目に引いた際の結果 ${}^{(t)}X$	A 賞	B 賞	C 賞
$P({}^{(t)}X)$	$\frac{1}{4}$	$\frac{2}{4}$	$\frac{1}{4}$

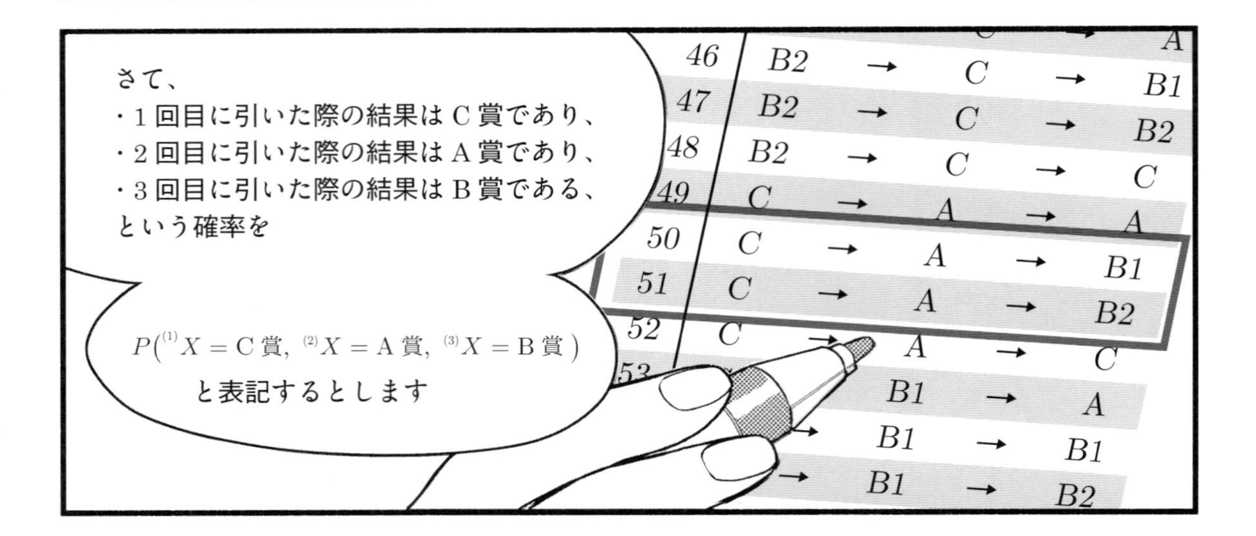

$$
\begin{aligned}
P\left({}^{(1)}X = \text{C 賞},\ {}^{(2)}X = \text{A 賞},\ {}^{(3)}X = \text{B 賞}\right) &= \frac{2}{64} \\
&= \frac{1}{4} \times \frac{1}{4} \times \frac{2}{4} \\
&= P\left({}^{(1)}X = \text{C 賞}\right) \times P\left({}^{(2)}X = \text{A 賞}\right) \times P\left({}^{(3)}X = \text{B 賞}\right)
\end{aligned}
$$

と書き替えられます

$$
\begin{aligned}
P\left({}^{(1)}X = \text{B 賞},\ {}^{(2)}X = \text{B 賞},\ {}^{(3)}X = \text{A 賞}\right) &= \frac{4}{64} \\
&= \frac{2}{4} \times \frac{2}{4} \times \frac{1}{4} \\
&= P\left({}^{(1)}X = \text{B 賞}\right) \times P\left({}^{(2)}X = \text{B 賞}\right) \times P\left({}^{(3)}X = \text{A 賞}\right)
\end{aligned}
$$

と書き替えられます

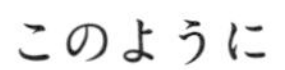

このように

$$P({}^{(1)}X=\bigstar,\ {}^{(2)}X=\blacktriangle,\ {}^{(3)}X=\blacklozenge)=P({}^{(1)}X=\bigstar)\times P({}^{(2)}X=\blacktriangle)\times P({}^{(3)}X=\blacklozenge)$$

という関係が成立する場合に

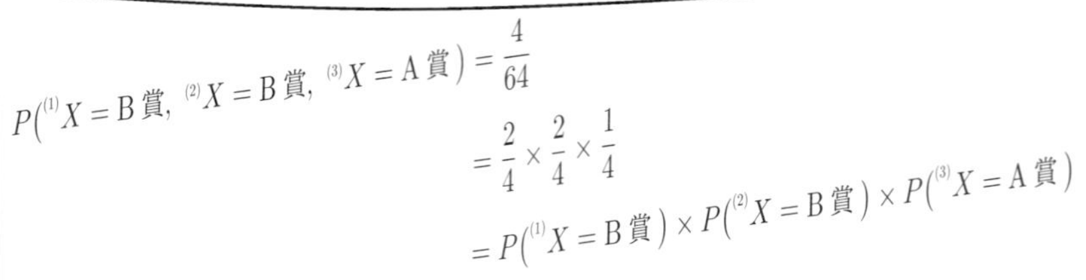

$$P({}^{(1)}X=\text{B賞},\ {}^{(2)}X=\text{B賞},\ {}^{(3)}X=\text{A賞})=\frac{4}{64}$$
$$=\frac{2}{4}\times\frac{2}{4}\times\frac{1}{4}$$
$$=P({}^{(1)}X=\text{B賞})\times P({}^{(2)}X=\text{B賞})\times P({}^{(3)}X=\text{A賞})$$

「${}^{(1)}X$ と ${}^{(2)}X$ と ${}^{(3)}X$ は**独立**である」
と言います

ここまでに紹介した
確率分布における X は

「抽籤器を 3 回引くうちで
A 賞の玉が出る回数」
といった、離散型でした

離散型

ここから紹介する
確率分布における X は

「直径 2.7[mm] のネジを
製造するはずの機械で
作られた、実際のネジの直径」
といった、連続型です

連続型

X が連続型である確率分布を紹介する前に
注意が５つあります。

注意１

n が無限大である場合の $\left(1+\dfrac{1}{n}\right)^n$ を**ネイピア数**と言い、e と表記します。

ネイピア数 は無理数であり、

$e=2.718281\cdots$

です。ちなみに「ネイピア」は人名です。

注意2

数学では、判読しがたい状況を避けるために、e^x を $\exp(x)$ と表記する場合があります。たとえば $e^{-\frac{(x-\mu)^2}{2\sigma^2}}$ を $\exp\left(-\frac{(x-\mu)^2}{2\sigma^2}\right)$ と表記するわけです。

注意3

下図においてアミのかけられている部分の面積は、

$$\int_a^b f(x)dx$$

と表記されます。「a から b までの $f(x)$ の**定積分**」と呼ばれます。

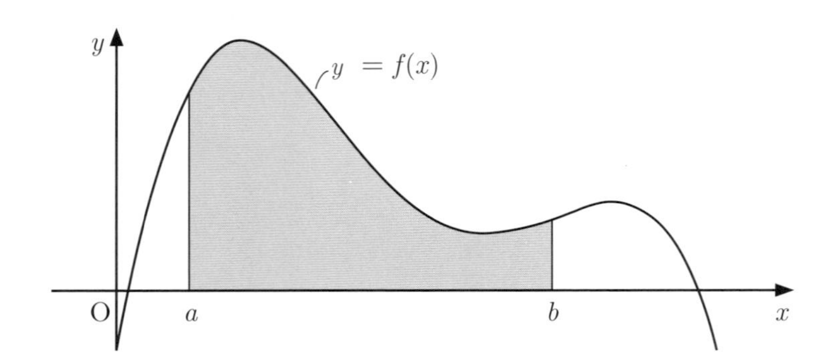

注意4

X は、連続型の確率変数である、「直径 2.7[mm] のネジを製造するはずの機械で作られた、実際のネジの直径」だとします。数学の世界では、

$P(X=2.7)=0$

であると考えます。つまり、2.6941…[mm] とか 2.7038…[mm] といったネジは作られるかもしれないが、2.7[mm] に寸分違(すんぶんたが)わぬネジの作られるはずがない、そう考えます 。では X についての確率をどのように求めるかと言えば、

$$P(2.69 \leq X \leq 2.71)$$

といった具合に幅を持たせるのです。

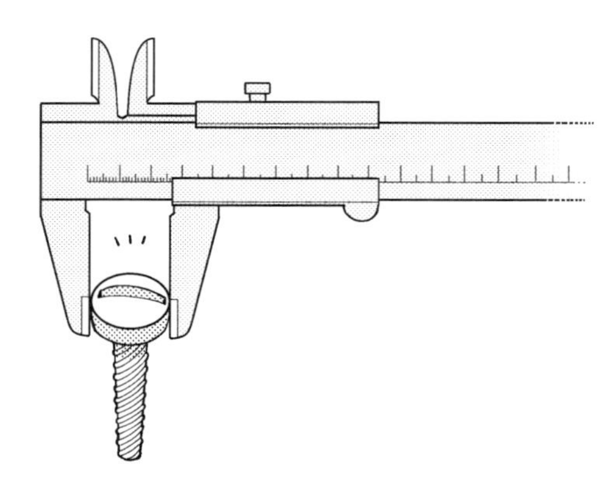

注意５

Xは連続型の確率変数であるとします。次の条件を満たす$f(x)$を「Xの**確率密度関数**」と言います。

- $P(a \leq X \leq b) = \int_a^b f(x)dx$
- $\int_{-\infty}^{\infty} f(x)dx = 1$
- $f(x) \geq 0$

なお、

$$\int_a^a f(x)dx = \int_b^b f(x)dx = 0$$

であることからわかるように、次の関係が成立します。

$$\int_a^b f(x)dx = P(a \leq X \leq b) = P(a \leq X < b) = P(a < X \leq b) = P(a < X < b)$$

それでは
Xが連続型である確率分布を
いくつか紹介します

2.4　一様分布

Xの確率密度関数が
次のものであるならば

「Xは、区間［a,b］の**一様分布**にしたがう」
と表現します

$$f(x) = \begin{cases} a \leq x \leq b \text{の場合は} & \dfrac{1}{b-a} \\ \text{上記以外の場合は} & 0 \end{cases}$$

なお、$X \sim U(a, b)$
と表記する場合があります

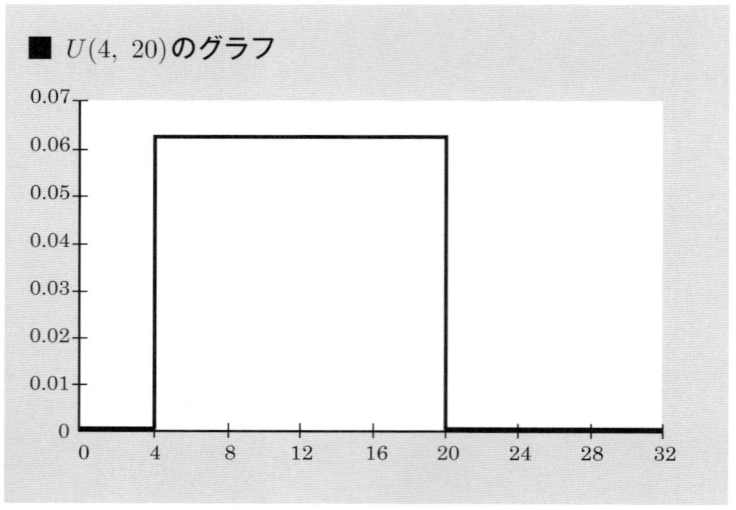

2.5 正規分布

Xの確率密度関数が次のものであるならば

「Xは、μが★でσ^2が▲の**正規分布**にしたがう」と表現します

$$f(x)=\frac{1}{\sqrt{2\pi}\sigma}\exp\left(-\frac{(x-\mu)^2}{2\sigma^2}\right)$$

なお、$X \sim N(\mu, \sigma^2)$ と表記する場合があります

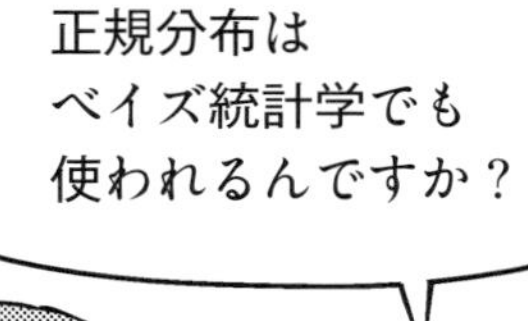

■$N(157.5,\ 4.89^2)$のグラフ

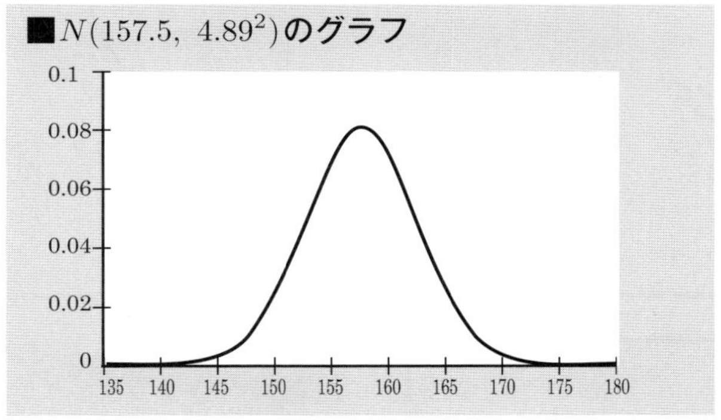

■$N(0,\ 100^2)$のグラフ

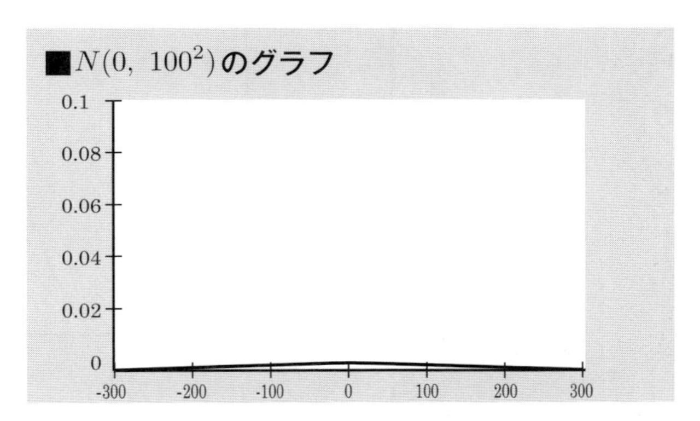

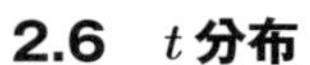

2.6 t 分布

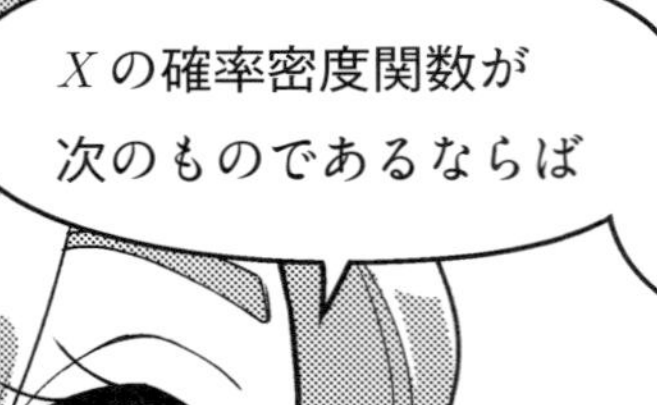

「X は、ν が★の t **分布**にしたがう」
と表現します

$$f(x) = \frac{\Gamma\left(\frac{\nu+1}{2}\right)}{\sqrt{\nu\pi}\,\Gamma\left(\frac{\nu}{2}\right)}\left(\frac{1}{\sqrt{1+\frac{x^2}{\nu}}}\right)^{\nu+1}$$

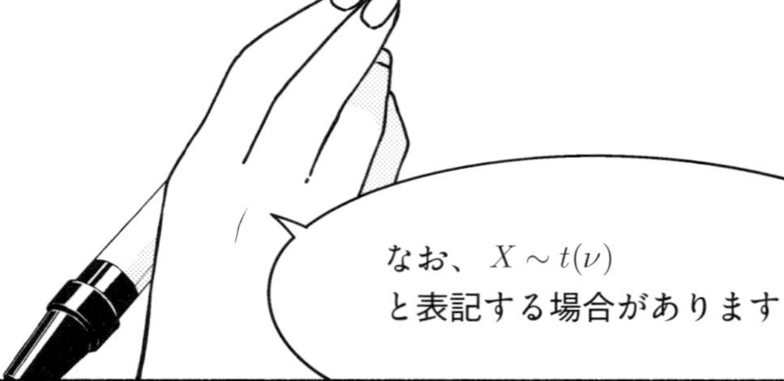

なお、$X \sim t(\nu)$
と表記する場合があります

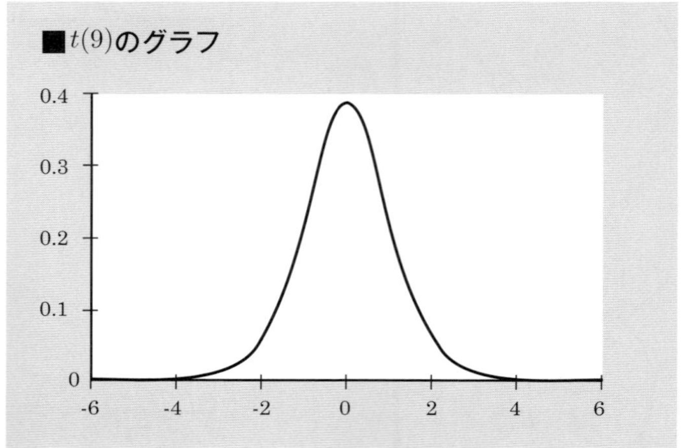

2.7 逆ガンマ分布

$\Gamma(\alpha)$ は、**ガンマ関数**と呼ばれる
$\Gamma(\alpha) = \int_0^\infty s^{\alpha-1}e^{-s}\,ds$ であるとします

なおかつ α と β は
0 よりも大きな値であるとします

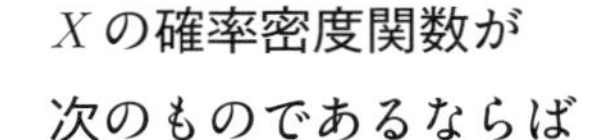

「X は、α が★で β が▲の**逆ガンマ分布**にしたがう」
と表現します

なお、$X \sim IG(\alpha, \beta)$
と表記する場合があります

■ $IG(0.001,\ 0.001)$ のグラフ

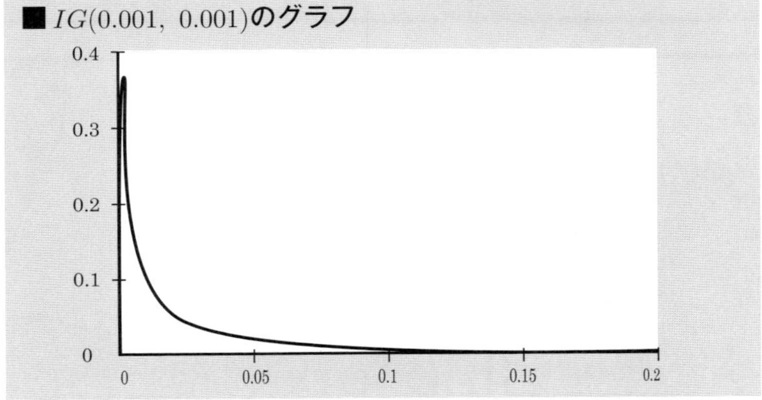

逆ガンマ分布は一般的な統計学の本ではまず取り上げられていませんけれども
ベイズ統計学の本にはしばしば登場します
今後の私の説明にも出てきます

ちなみに“逆”ガンマ分布でなく**ガンマ分布**もあります
確率密度関数は次のとおりです
$f(x) = \begin{cases} x > 0 \text{ の場合は} & \dfrac{\beta^{\alpha}}{\Gamma(\alpha)} x^{\alpha-1} \exp\left(-\beta x\right) \\ \text{上記以外の場合は} & 0 \end{cases}$

今日の授業はここまで
ふー理解の甘かった概念が見つかって結構ショック

しっかり復習しておいてね
はい

……確率の本
お貸ししましょうか？

えっ
本当ですか⁉
助かります！

じゃあ
来週の授業に
持ってきます
あ、そっか
来週かあ…

はやく
読みたいなぁ…

……あ！

山吹さん
時間ありますか？
あ、はい
大丈夫ですけど……

え!?
今からですか？

これから本屋に行って
その本探すの
手伝ってくれませんか？

じゃあ
山吹さん
行きましょう！
は、はい……

あらあら
隣駅のほうに
大きい本屋
ありましたよね
ほんとに
行くんですか!?

じゃあ
私はこれで！
また来週！
ありがとう
ございました～！

3. その他の確率分布

本節では、

- **負の二項分布**
- **ポアソン分布**
- **指数分布**
- **ベータ分布**

を紹介します。

3.1　負の二項分布

山吹さんの家の近くにある豆腐屋では、毎週日曜日に福引を催しています。抽籤器の中には、アタリの玉が1個とハズレの玉が3個の、全部で4個の玉が入っています。1回引くたびに玉は抽籤器に戻されます。

福引には何回でも挑戦できるとします。ならば4回目のアタリが出るまでにハズレを2回引く確率は、下表を踏まえればわかるように、

$$ {}_{2+3}C_2\left(\frac{3}{4}\right)^2\left(\frac{1}{4}\right)^3\times\frac{1}{4}={}_{2+4-1}C_2\left(\frac{3}{4}\right)^2\left(\frac{1}{4}\right)^4 $$

です。4回目のアタリが出るまでにハズレを x 回引く確率は、

$$ {}_{x+3}C_x\left(\frac{3}{4}\right)^x\left(\frac{1}{4}\right)^3\times\frac{1}{4}={}_{x+4-1}C_x\left(\frac{3}{4}\right)^x\left(\frac{1}{4}\right)^4 $$

です。

	第1回	→	第2回	→	第3回	→	第4回	→	第5回	→	第6回
1	ア	→	ア	→	ア	→	×	→	×	→	ア
2	ア	→	ア	→	×	→	ア	→	×	→	ア
3	ア	→	ア	→	×	→	×	→	ア	→	ア
4	ア	→	×	→	ア	→	ア	→	×	→	ア
5	ア	→	×	→	ア	→	×	→	ア	→	ア
6	ア	→	×	→	×	→	ア	→	ア	→	ア
7	×	→	ア	→	ア	→	ア	→	×	→	ア
8	×	→	ア	→	ア	→	×	→	ア	→	ア
9	×	→	ア	→	×	→	ア	→	ア	→	ア
10	×	→	×	→	ア	→	ア	→	ア	→	ア

本題です。r 回目のアタリが出るまでに引くハズレの回数を X とします。r 回目のアタリが出るまでにハズレを x 回引く確率である $P(X=x)$ は、

$$P(X=x) = {}_{x+r-1}C_x (1-q)^x q^r$$

です。この関係が成立している場合に、「X は、r が★で q が▲の**負の二項分布**にしたがう」と表現します。

なぜ名称が「負の二項分布」というやや不思議なものであるかと言うと、先述した、4 回目のアタリが出るまでにハズレを 2 回引く確率である $P(X=2)$ を用いて説明するなら、次のように式が書き替えられるからです。

$$
\begin{aligned}
&P(X=2)\\
&= {}_{2+4-1}C_2 \left(\frac{3}{4}\right)^2 \left(\frac{1}{4}\right)^4\\
&= {}_5C_2 (-1)^2 \left(-\frac{3}{4}\right)^2 \left(\frac{1}{4}\right)^4
\end{aligned}
$$

$$\boxed{{}_5C_2(-1)^2 = \frac{5\times 4}{2!}(-1)^2 = \frac{(-4)\times(-5)}{2!} = {}_{-4}C_2}$$

$$
\begin{aligned}
&= {}_{-4}C_2 \left(-\frac{3}{4}\right)^2 \left(\frac{1}{4}\right)^4\\
&= {}_{-4}C_2 \left(-\frac{3}{4}\right)^2 \left(\frac{1}{4}\right)^4 \times \frac{\left(\frac{1}{4}\right)^2}{\left(\frac{1}{4}\right)^2}\\
&= {}_{-4}C_2 \left(-\frac{\frac{3}{4}}{\frac{1}{4}}\right)^2 \left(\frac{1}{4}\right)^{4+2}\\
&= {}_{-4}C_2 (-3)^2 4^{-(4+2)}\\
&= {}_{-4}C_2 (-3)^2 \left\{1-(-3)\right\}^{-4-2}
\end{aligned}
$$

■ $r=4$ **かつ** $q=\frac{1}{4}$ **の場合のグラフ**

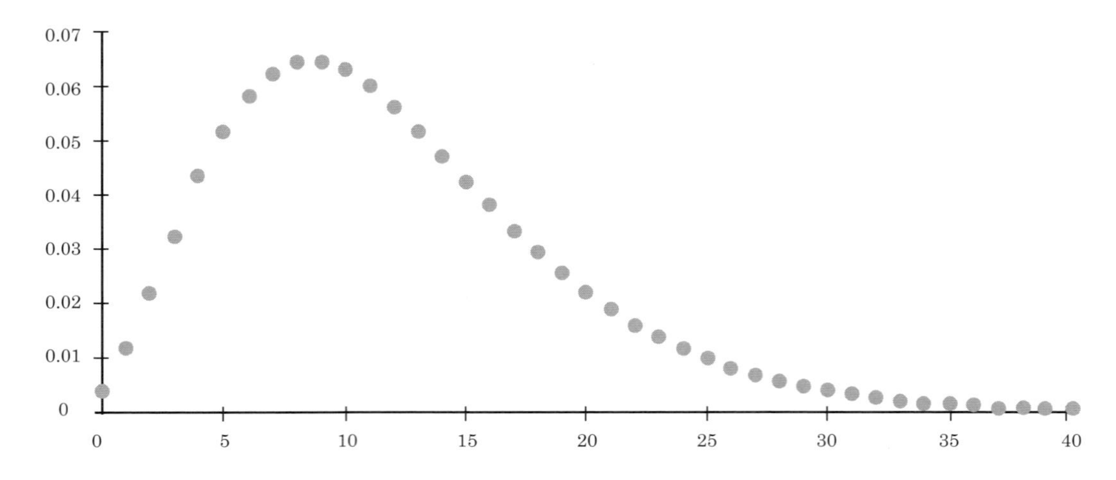

3.2 ポアソン分布

東京都で起こる火災の件数が、1日あたり約12件であると、つまり $\frac{1}{10^6}$ 日あたり約 $\frac{12}{10^6}$ 件であると経験上わかっているとします。言いかえると、1日という時間を 10^6 区間に分割した任意の1区間において、1件の火災が起こる確率は約 $\frac{12}{10^6}$ であると経験上わかっているとします。なおかつ任意の隣接する区間である $\left(\frac{k}{10^6}, \frac{k+1}{10^6}\right]$ と $\left(\frac{k+1}{10^6}, \frac{k+2}{10^6}\right]$ において、

・$\left(\frac{k}{10^6}, \frac{k+1}{10^6}\right]$ **で火災が起こるかどうか**

・$\left(\frac{k+1}{10^6}, \frac{k+2}{10^6}\right]$ **で火災が起こるかどうか**

は無関係であるとします。

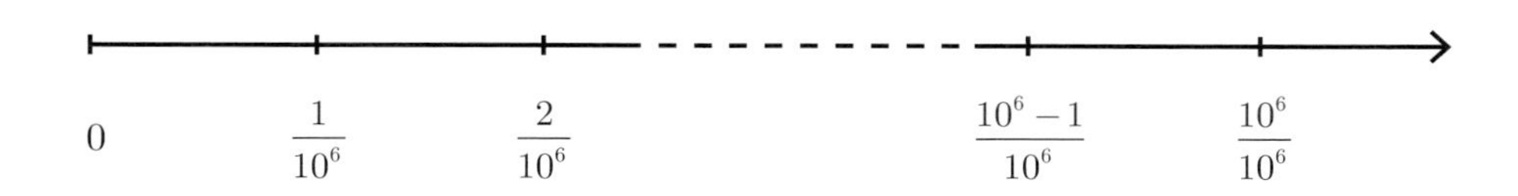

時点0から1日後（= 24時間後）までの区間 $(0, 1]$ において、東京都で起こる火災の件数を X とします。ならば X は、n が 10^6 で q が $\frac{12}{10^6}$ の二項分布にしたがうと言えます。つまり区間 $(0, 1]$ に東京都で起こる火災の件数が x である確率 $P(X = x)$ は、

$$P(X = x) = {}_{10^6}C_x \left(\frac{12}{10^6}\right)^x \left(1 - \frac{12}{10^6}\right)^{10^6 - x}$$

であると言えます。この式は次ページのように書き替えられます。

$$P(X=x) = {}_{10^6}C_x \left(\frac{12}{10^6}\right)^x \left(1-\frac{12}{10^6}\right)^{10^6-x}$$

$$= \frac{10^6!}{x! \times (10^6-x)!}\left(\frac{12}{10^6}\right)^x \left(1-\frac{12}{10^6}\right)^{10^6-x}$$

$$= \frac{10^6 \times (10^6-1) \times \cdots \times (10^6-(x-1))}{x!}\left(\frac{12}{10^6}\right)^x \left(1-\frac{12}{10^6}\right)^{10^6-x}$$

$$= \left\{1 \times \left(1-\frac{1}{10^6}\right) \times \cdots \times \left(1-\frac{x-1}{10^6}\right)\right\} \times \frac{12^x}{x!} \times \left(1-\frac{12}{10^6}\right)^{10^6} \times \left(1-\frac{12}{10^6}\right)^{-x}$$

●第 1 項

$$1 \times \left(1-\frac{1}{10^6}\right) \times \cdots \times \left(1-\frac{x-1}{10^6}\right) \approx 1 \times (1-0) \times \cdots \times (1-0) = 1$$

●第 3 項

$$\left(1-\frac{12}{10^6}\right)^{10^6}$$

$$= \left(\frac{10^6}{10^6-12}\right)^{-10^6}$$

$$= \left(1+\frac{12}{10^6-12}\right)^{-10^6}$$

$$= \left(1+\frac{1}{\frac{10^6}{12}-1}\right)^{-10^6}$$

$$= \left\{\left(1+\frac{1}{\frac{10^6}{12}-1}\right) \times \left(1+\frac{1}{\frac{10^6}{12}-1}\right)^{\frac{10^6}{12}-1}\right\}^{-12}$$

$$\approx \left\{(1+0) \times e\right\}^{-12}$$

$$= e^{-12}$$

●第 4 項

$$\left(1-\frac{12}{10^6}\right)^{-x} \approx (1-0)^{-x} = 1$$

$$\approx 1 \times \frac{12^x}{x!} \times e^{-12} \times 1$$

$$= \frac{12^x}{x!} e^{-12}$$

本題です。Xの取りうる値が0以上の整数であり、

$$P(X=x)=\frac{12^x}{x!}e^{-12}$$

という関係が成立している場合に、「Xは、λが12の**ポアソン分布**にしたがう」と表現します。ポアソン分布は、いまの例からわかるように、

$$P(X=x)={}_nC_x q^x(1-q)^{n-x}$$

という二項分布において、nがかなり大きくてqがかなり小さい場合と言えます。

ポアソン分布における期待値と分散は、二項分布における期待値と分散を説明した38〜39ページを踏まえつつ火災件数の例で示すと、

- $E(X)=nq=10^6\times\frac{12}{10^6}=12$
- $V(X)=nq(1-q)=nq-nq^2=10^6\times\frac{12}{10^6}-10^6\times\left(\frac{12}{10^6}\right)^2\approx 12-10^6\times 0=12$

です。要するにポアソン分布における期待値と分散は、

$$E(X)=V(X)=nq=\lambda$$

です。

■$\lambda=12$ **の場合のグラフ**

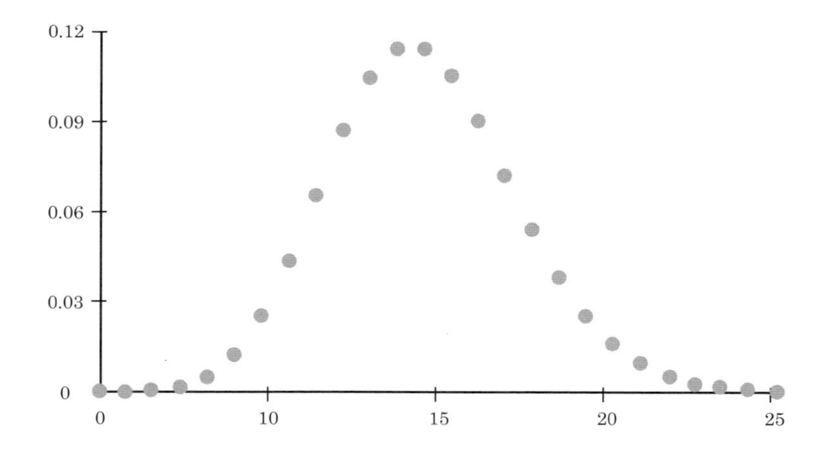

3.3 指数分布

東京都で起こる火災の件数が、1日あたり約12件であると、つまり $\frac{t}{10^6}$ 日あたり約 $\frac{12t}{10^6}$ 件であると経験上わかっているとします。言いかえると、t 日という時間を 10^6 区間に分割した任意の1区間において、1件の火災が起こる確率は約 $\frac{12t}{10^6}$ であると経験上わかっているとします。なおかつ任意の隣接する区間である $\left(\frac{k}{10^6}t, \frac{k+1}{10^6}t\right]$ と $\left(\frac{k+1}{10^6}t, \frac{k+2}{10^6}t\right]$ において、

- $\left(\frac{k}{10^6}t, \frac{k+1}{10^6}t\right]$ **で火災が起こるかどうか**
- $\left(\frac{k+1}{10^6}t, \frac{k+2}{10^6}t\right]$ **で火災が起こるかどうか**

は無関係であるとします。

時点0から t 日後（$=24t$ 時間後）までの区間 $\left(0, t\right]$ において、東京都で起こる火災の件数を $X(t)$ とします。ならば $X(t)$ は、n が 10^6 で q が $\frac{12t}{10^6}$ の二項分布にしたがうと言えます。つまり区間 $\left(0, t\right]$ に東京都で起こる火災の件数が x である確率 $P(X(t)=x)$ は、

$$P(X(t)=x) = {}_{10^6}C_x \left(\frac{12t}{10^6}\right)^x \left(1-\frac{12t}{10^6}\right)^{10^6-x}$$

であると言えます。この式は、3.2節の例と同様に考えればわかるように、

$$P(X(t)=x) = \frac{(12t)^x}{x!}e^{-12t}$$

と書き替えられます。

時点0から数えて3件目の火災が起こる時点を T_3 とします。$P(a < T_3)$ という確率は、

- **区間** $(0, a]$ **において**1**件も起こらない確率である** $P(X(a)=0)$
- **区間** $(0, a]$ **において**1**件だけ起こる確率である** $P(X(a)=1)$
- **区間** $(0, a]$ **において**2**件だけ起こる** $P(X(a)=2)$

を足したものだと言えます。つまり、

$$P(a < T_3) = P(X(a)=0) + P(X(a)=1) + P(X(a)=2)$$
$$= \frac{(12a)^0}{0!}e^{-12a} + \frac{(12a)^1}{1!}e^{-12a} + \frac{(12a)^2}{2!}e^{-12a}$$

が成立します。同様に考えればわかるように、時点0から数えて1件目の火災が起こる時点であるT_1について、

$$P(a < T_1) = P(X(a)=0) = \frac{(12a)^0}{0!}e^{-12a} = e^{-12a} = \left[-e^{-12x}\right]_a^\infty = \int_a^\infty 12e^{-12x}dx$$

が成立します。

本題です。βは0よりも大きな値であるとします。Xの確率密度関数が次のものであるならば、「Xは、βが★の**指数分布**にしたがう」と表現します。

$$f(x) = \begin{cases} x > 0 \text{ の場合は} & \beta e^{-\beta x} \\ \text{上記以外の場合は} & 0 \end{cases}$$

指数分布は、火災件数の例で言うと、1件目が起こる時点についての確率分布を意味しています。

■ $\beta = 12$ の場合のグラフ

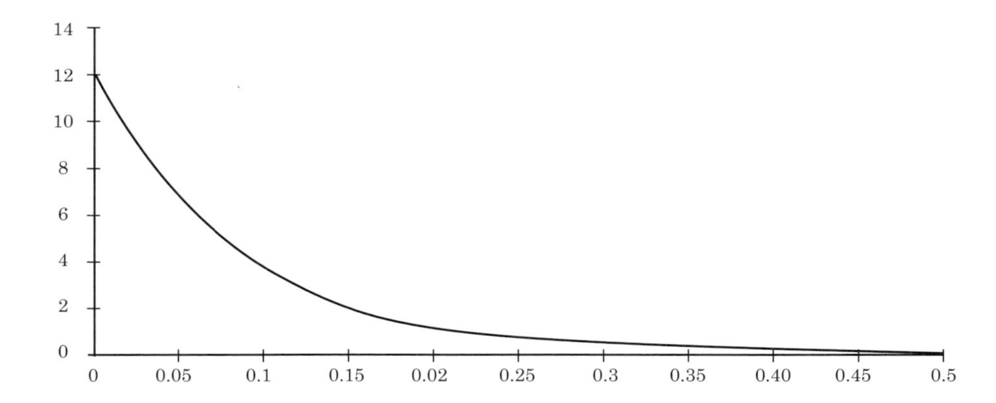

3.4 ベータ分布

$B(\alpha, \beta)$ は、**ベータ関数**と呼ばれる、

$$B(\alpha, \beta) = \int_0^1 s^{\alpha-1}(1-s)^{\beta-1}\,ds$$

であるとします。なおかつ α と β は0よりも大きな値であるとします。X の確率密度関数が次のものであるならば、「X は、α が★で β が▲の**ベータ分布**にしたがう」と表現します。

$$f(x) = \begin{cases} 0 < x < 1 \text{ の場合は} & \dfrac{x^{\alpha-1}(1-x)^{\beta-1}}{B(\alpha,\ \beta)} = \dfrac{x^{\alpha-1}(1-x)^{\beta-1}}{\int_0^1 s^{\alpha-1}(1-s)^{\beta-1}ds} \\ \text{上記以外の場合は} & 0 \end{cases}$$

なお、

$$X \sim Be(\alpha, \beta)$$

と表記する場合があります。

ベータ分布は、$\begin{cases}\alpha = 1 \\ \beta = 1\end{cases}$ ならば、区間 $(0, 1)$ の一様分布です。

■ $Be(0.4,\ 0.7)$ と $Be(10,\ 3)$ のグラフ

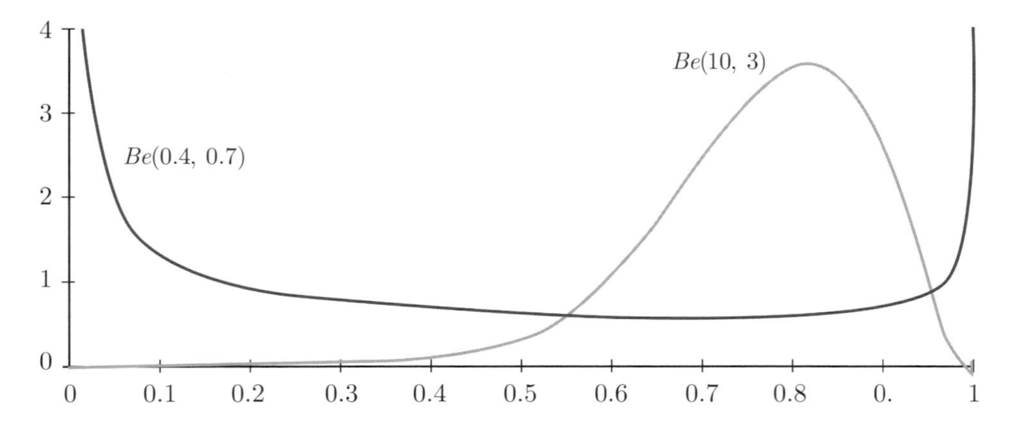

第3章

尤度関数

1. 尤度

2. 尤度関数

3. その他の尤度関数

ふん
ふん♪

ふん
ふん♪
Memo note
山うさぎさんと仲良くなる確率
現時点で…

うーん と…

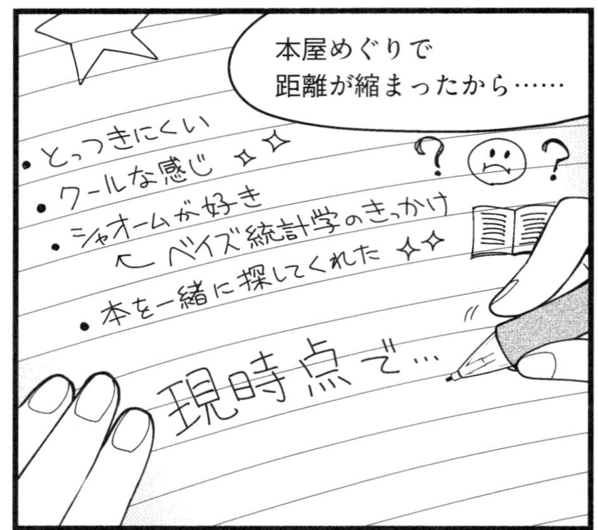
本屋めぐりで
距離が縮まったから……
・とっつきにくい
・クールな感じ
・シャオームが好き
←ベイズ統計学のきっかけ
・本を一緒に探してくれた
現時点で…

60%だ！
現時点で…
60%◎

初対面の時とくらべて
かなり上がったなあ……
じ…っ
何が
上がったんですか？

わあああああ!?
あわわっ

山吹さん
先日は何軒も本屋さんに
お付き合いいただいて
すみません
バサバサ
ガタタッ
い、いえ
見つかって
よかったです

……そうですか
それはよかった
ゴソゴソ

この本、本当に
わかりやすくって!
キラキラ
とても よく わかる
確率

以前にみんなで
どら焼きを食べた時
とってもおいしそうな
表情だったので…
もく
もく
甘い物
お好き
なの
かなって…

ええ、そんな
いいのに
かえってすみません
これ、お礼の
シュークリームです!
La
Nuage
Puff

お待たせしました!!
会議が長引いてしまって……
あ、ニュアージュの
シュークリーム！

実は……
甘い物が
結構好きなんです

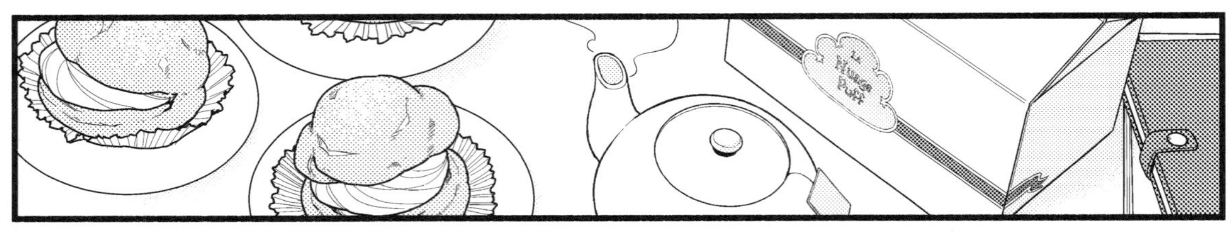

あ、
「甘い物と冷蔵庫は
大きいほうがいい！」
ってよくおっしゃってたわ
このシュークリームも
ずいぶん大きい…
あはは
今もよく
言ってます
プッ

ななみちゃんの家で
家庭教師をしていた頃は
必ずお菓子を出して
いただいてたわよね
母が甘い物
好きなので！

くく…

山吹さんが笑ってる！
もう 10%上がるかも！
もく
もく

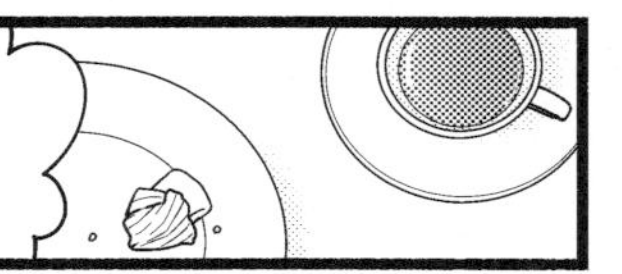
じゃあそろそろ
授業を始めましょう！

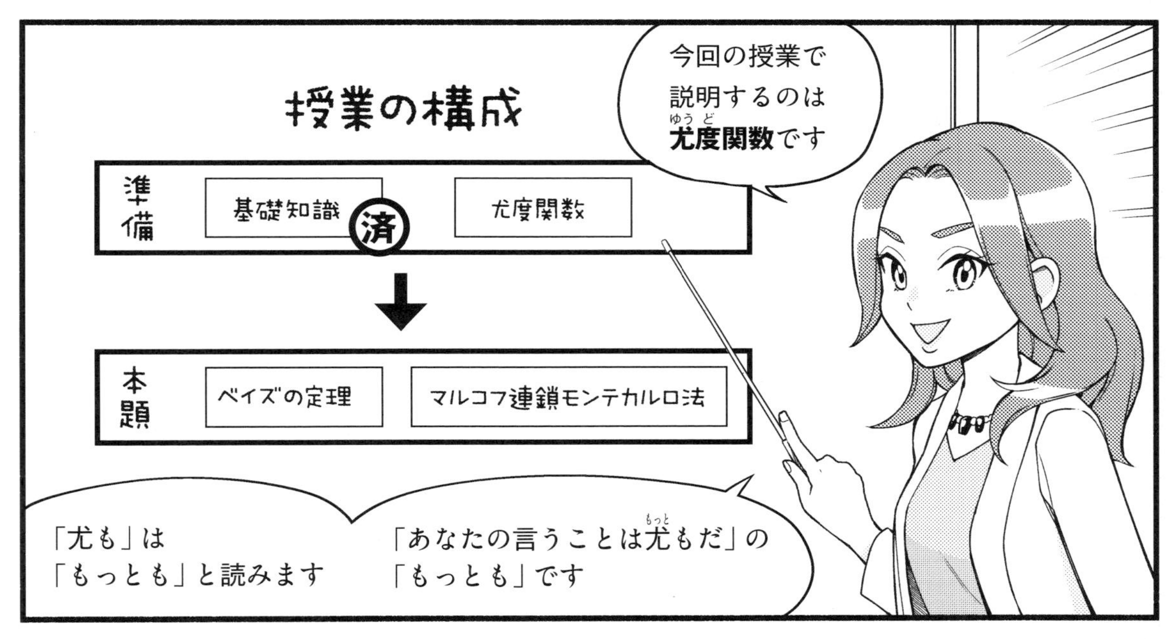
今回の授業で
説明するのは
尤度関数です
授業の構成
準備
基礎知識
済
尤度関数
本題
ベイズの定理
マルコフ連鎖モンテカルロ法
「尤も」は
「もっとも」と読みます
「あなたの言うことは尤もだ」の
「もっとも」です

尤度は
一般的な統計学でも
出て来ましたね
そうね
尤度関数を勉強する前に
・大数の法則
・カルバック・ライブラー情報量
を勉強しておきましょう
はい！

1. 尤度

1.1　大数の法則

この確率分布に対応するサイコロを考えます

説明の都合上
確率を $P(^{(t)}X)$ でなく
$S(^{(t)}X)$ と表記しています

t 回目に投げた際に出る面 $^{(t)}X$	1	2	3	4	5	6
$S(^{(t)}X)$	$\frac{1}{6}$	$\frac{1}{6}$	$\frac{1}{6}$	$\frac{1}{6}$	$\frac{1}{6}$	$\frac{1}{6}$

$^{(t)}X$ の期待値である $E(^{(t)}X)$ は当然ながら

$$E(^{(t)}X)=1\times\frac{1}{6}+2\times\frac{1}{6}+3\times\frac{1}{6}+4\times\frac{1}{6}+5\times\frac{1}{6}+6\times\frac{1}{6}$$
$$=\frac{1+2+3+4+5+6}{6}=3.5$$

です

このサイコロを
私が実際に
1000 回投げてみたところ

1000 回分の面の合計

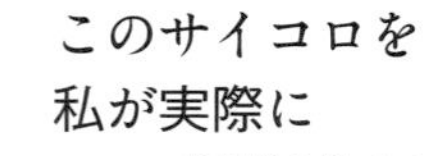

$$\frac{4+\cdots+1}{1000}=3.543\approx E(^{(t)}X)$$

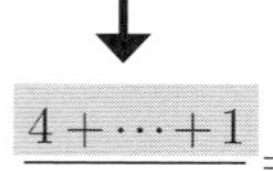

という関係の
成立することがわかりました

実現値

実行の結果を**実現値**と言います。つまり、

- $^{(1)}X$ の実現値は 4 である。
- $^{(1000)}X$ の実現値は 1 である。

といった具合に表現するわけです。

この

${}^{(1)}X$ から ${}^{(T)}X$ までの実現値の平均 $\approx E({}^{(t)}X)$

という関係を
大数の法則と
言います

大数の法則が成立するための
条件は次のとおりです

- サイコロを投げる回数である T がそれなりに大きい。
- ${}^{(1)}X$ と…と ${}^{(T)}X$ は独立である。
- ${}^{(1)}X$ と…と ${}^{(T)}X$ は同一の確率分布にしたがう。

ちなみに
独立で同一な確率分布にしたがうことを
英語における表現である
independent and identically distributed を
略し、**i.i.d.** とも言います

T が“それなりに”大きいって
具体的にいくつくらいですか？

5 とか 10 でないのは確かです

例の２つめ

記号がたくさん登場して
紛らわしいので
気をつけながら理解してください

この確率分布に対応する
6面でなくn面からなる
サイコロを考えます

t回目に投げた際に出る面 $\log P({}^{(t)}X)$	$\log P({}^{(t)}X = x_1)$	$\cdots$	$\log P({}^{(t)}X = x_n)$
$S({}^{(t)}X)$	$S({}^{(t)}X = x_1)$	$\cdots$	$S({}^{(t)}X = x_n)$

私の説明に出てくる$\log x$は
$\log_e x$を意味しています

さて$\log P({}^{(t)}X)$の期待値である
$E(\log P({}^{(t)}X))$は当然ながら

$$E(\log P({}^{(t)}X)) = S({}^{(t)}X = x_1)\log P({}^{(t)}X = x_1) + \cdots + S({}^{(t)}X = x_n)\log P({}^{(t)}X = x_n)$$

キュッ

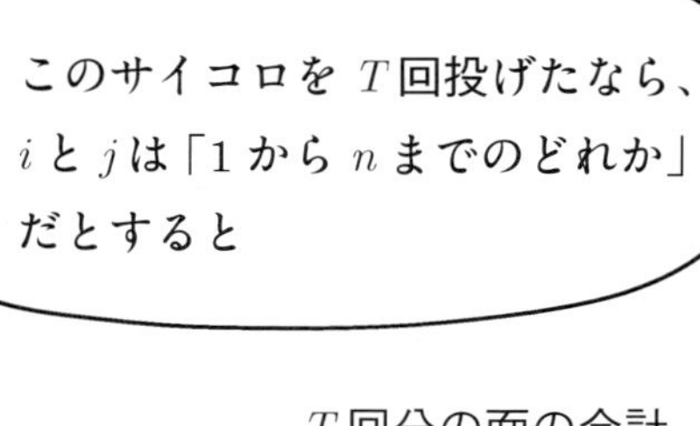

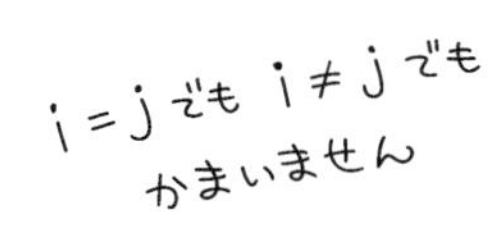

T 回分の面の合計
↓

$$\frac{\log P({}^{(1)}X = x_i) + \cdots + \log P({}^{(T)}X = x_j)}{T} \approx E(\log P({}^{(t)}X))$$

という関係が成立します

つまり

$$\frac{\log P({}^{(1)}X = x_i) + \cdots + \log P({}^{(T)}X = x_j)}{T} \approx S({}^{(t)}X = x_1)\log P({}^{(t)}X = x_1) + \cdots + S({}^{(t)}X = x_n)\log P({}^{(t)}X = x_n)$$

という関係が成立します

1.2 カルバック・ライブラー情報量

この確率分布に対応する
αとβという
2個の歪んだサイコロを考えます

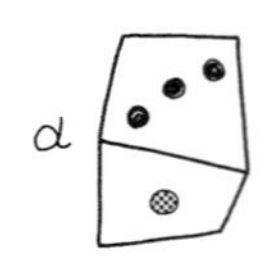

t回目に投げた際に出る面 ${}^{(t)}X$	1	2	3	4	5	6
$P_\alpha({}^{(t)}X)$	0.09	0.15	0.16	0.18	0.19	0.23
$P_\beta({}^{(t)}X)$	0.27	0.23	0.09	0.03	0.14	0.24
$S({}^{(t)}X)$	$\frac{1}{6}$	$\frac{1}{6}$	$\frac{1}{6}$	$\frac{1}{6}$	$\frac{1}{6}$	$\frac{1}{6}$

結論から言うと

$$
\begin{aligned}
D(S,P) = & \ S({}^{(t)}X = x_1)\log S({}^{(t)}X = x_1) + \cdots + S({}^{(t)}X = x_n)\log S({}^{(t)}X = x_n) \\
& -\{S({}^{(t)}X = x_1)\log P({}^{(t)}X = x_1) + \cdots + S({}^{(t)}X = x_n)\log P({}^{(t)}X = x_n)\}
\end{aligned}
$$

という式で表現される
カルバック・ライブラー情報量の
値からわかるように $P_\alpha({}^{(t)}X)$ です

ちなみに
「カルバック」と
「ライブラー」は
人名です

ゴチャゴチャしている
この式はどこから
出てきたんですか？

尤もな質問です。たしかにカルバック・ライブラー情報量の形状は、初めて知る人からすると、ゴチャゴチャしたものに見えることでしょう。

カルバック・ライブラー情報量がどこから出てきたのか、次ページから説明します。説明では、似たような記号と言うか式と言うか、そういったものがたくさん出てきます。混乱しないように注意してください。

下図からわかるように、

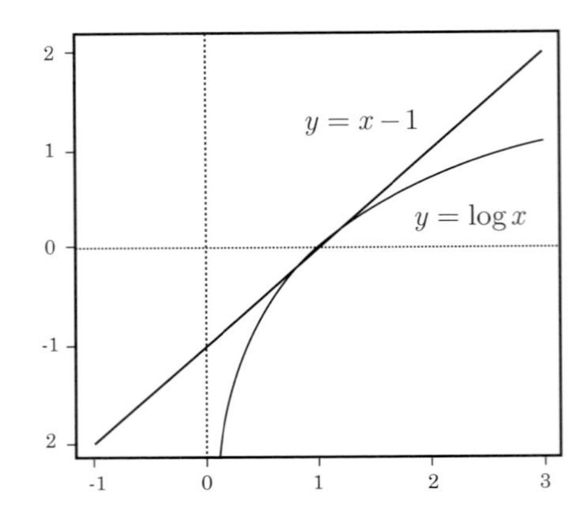

$\log x \leq x-1$ という関係が成立します。この関係を利用すると、

・ $S({}^{(t)}X=x_1)\log\dfrac{P({}^{(t)}X=x_1)}{S({}^{(t)}X=x_1)} \leq S({}^{(t)}X=x_1)\left(\dfrac{P({}^{(t)}X=x_1)}{S({}^{(t)}X=x_1)}-1\right)$

・ $S({}^{(t)}X=x_2)\log\dfrac{P({}^{(t)}X=x_2)}{S({}^{(t)}X=x_2)} \leq S({}^{(t)}X=x_2)\left(\dfrac{P({}^{(t)}X=x_2)}{S({}^{(t)}X=x_2)}-1\right)$

・ $S({}^{(t)}X=x_n)\log\dfrac{P({}^{(t)}X=x_n)}{S({}^{(t)}X=x_n)} \leq S({}^{(t)}X=x_n)\left(\dfrac{P({}^{(t)}X=x_n)}{S({}^{(t)}X=x_n)}-1\right)$

などが成立します。これらの両辺を足すと、

$$
\begin{aligned}
&S({}^{(t)}X=x_1)\log\frac{P({}^{(t)}X=x_1)}{S({}^{(t)}X=x_1)}+\cdots+S({}^{(t)}X=x_n)\log\frac{P({}^{(t)}X=x_n)}{S({}^{(t)}X=x_n)}\\
&\leq S({}^{(t)}X=x_1)\left(\frac{P({}^{(t)}X=x_1)}{S({}^{(t)}X=x_1)}-1\right)+\cdots+S({}^{(t)}X=x_n)\left(\frac{P({}^{(t)}X=x_n)}{S({}^{(t)}X=x_n)}-1\right)\\
&=\{P({}^{(t)}X=x_1)-S({}^{(t)}X=x_1)\}+\cdots+\{P({}^{(t)}X=x_n)-S({}^{(t)}X=x_n)\}\\
&=\{P({}^{(t)}X=x_1)+\cdots+P({}^{(t)}X=x_n)\}-\{S({}^{(t)}X=x_1)+\cdots+S({}^{(t)}X=x_n)\}\\
&=1-1\\
&=0
\end{aligned}
$$

です。つまり、

$$S({}^{(t)}X = x_1)\log\frac{P({}^{(t)}X = x_1)}{S({}^{(t)}X = x_1)} + \cdots + S({}^{(t)}X = x_n)\log\frac{P({}^{(t)}X = x_n)}{S({}^{(t)}X = x_n)} \leq 0$$

なのですから、

$$\begin{aligned}
&-\left\{S({}^{(t)}X = x_1)\log\frac{P({}^{(t)}X = x_1)}{S({}^{(t)}X = x_1)} + \cdots + S({}^{(t)}X = x_n)\log\frac{P({}^{(t)}X = x_n)}{S({}^{(t)}X = x_n)}\right\} \\
&= S({}^{(t)}X = x_1)\log\frac{S({}^{(t)}X = x_1)}{P({}^{(t)}X = x_1)} + \cdots + S({}^{(t)}X = x_n)\log\frac{S({}^{(t)}X = x_n)}{P({}^{(t)}X = x_n)} \\
&= S({}^{(t)}X = x_1)\log S({}^{(t)}X = x_1) + \cdots + S({}^{(t)}X = x_n)\log S({}^{(t)}X = x_n) \\
&\qquad -\{S({}^{(t)}X = x_1)\log P({}^{(t)}X = x_1) + \cdots + S({}^{(t)}X = x_n)\log P({}^{(t)}X = x_n)\} \geq 0
\end{aligned}$$

です。上式の最後にある、

$$\begin{aligned}
&S({}^{(t)}X = x_1)\log S({}^{(t)}X = x_1) + \cdots + S({}^{(t)}X = x_n)\log S({}^{(t)}X = x_n) \\
&\qquad -\{S({}^{(t)}X = x_1)\log P({}^{(t)}X = x_1) + \cdots + S({}^{(t)}X = x_n)\log P({}^{(t)}X = x_n)\}
\end{aligned}$$

が**カルバック・ライブラー情報量**$D(S, P)$です。

カルバック・ライブラー情報量$D(S, P)$は、

$$\frac{P({}^{(t)}X = x_1)}{S({}^{(t)}X = x_1)} = \cdots = \frac{P({}^{(t)}X = x_n)}{S({}^{(t)}X = x_n)} = 1$$

である場合に、つまり全てのiで$P({}^{(t)}X = x_i) = S({}^{(t)}X = x_i)$が成立する場合に、最小値である0になります。ですから$P({}^{(t)}X)$は、カルバック・ライブラー情報量$D(S, P)$の値が小さいほど$S({}^{(t)}X)$に近いと言えます。

　いまのサイコロの例におけるカルバック・ライブラー情報量の値を確認しましょう。

$$
\begin{cases}
D(S, P_\alpha) = S({}^{(t)}X=1)\log S({}^{(t)}X=1) + \cdots + S({}^{(t)}X=6)\log S({}^{(t)}X=6) \\
\qquad -\{S({}^{(t)}X=1)\log P_\alpha({}^{(t)}X=1) + \cdots + S({}^{(t)}X=6)\log P_\alpha({}^{(t)}X=6)\} \\
\qquad = \left(\frac{1}{6}\log\frac{1}{6} + \cdots + \frac{1}{6}\log\frac{1}{6}\right) - \left(\frac{1}{6}\log 0.09 + \cdots + \frac{1}{6}\log 0.23\right) \\
D(S, P_\beta) = S({}^{(t)}X=1)\log S({}^{(t)}X=1) + \cdots + S({}^{(t)}X=6)\log S({}^{(t)}X=6) \\
\qquad -\{S({}^{(t)}X=1)\log P_\beta({}^{(t)}X=1) + \cdots + S({}^{(t)}X=6)\log P_\beta({}^{(t)}X=6)\} \\
\qquad = \left(\frac{1}{6}\log\frac{1}{6} + \cdots + \frac{1}{6}\log\frac{1}{6}\right) - \left(\frac{1}{6}\log 0.27 + \cdots + \frac{1}{6}\log 0.24\right)
\end{cases}
$$

　$D(S, P_\alpha)$ も $D(S, P_\beta)$ も第 1 項は同じであり、$\left(\frac{1}{6}\log\frac{1}{6} + \cdots + \frac{1}{6}\log\frac{1}{6}\right)$ です。そこで第 2 項に注目すると、

$$
\begin{cases}
D(S, P_\alpha) \text{の第2項} = \frac{1}{6}\log 0.09 + \cdots + \frac{1}{6}\log 0.23 = -1.83 \\
D(S, P_\beta) \text{の第2項} = \frac{1}{6}\log 0.27 + \cdots + \frac{1}{6}\log 0.24 = -2.01
\end{cases}
$$

です。したがって、

$$
D(S, P_\alpha) < D(S, P_\beta)
$$

なのですから、$S({}^{(t)}X)$ に近いのは $P_\alpha({}^{(t)}X)$ のほうだと結論づけられます。

1.3　尤度

いま教えたように、カルバック・ライブラー情報量は

$$D(S, P) = S({}^{(t)}X = x_1)\log S({}^{(t)}X = x_1) + \cdots + S({}^{(t)}X = x_n)\log S({}^{(t)}X = x_n)$$
$$-\{S({}^{(t)}X = x_1)\log P({}^{(t)}X = x_1) + \cdots + S({}^{(t)}X = x_n)\log P({}^{(t)}X = x_n)\}$$

です

$P({}^{(t)}X)$ が $S({}^{(t)}X)$ に近いかどうかは
この式の2行目の**平均対数尤度**と呼ばれる

$$S({}^{(t)}X = x_1)\log P({}^{(t)}X = x_1) + \cdots + S({}^{(t)}X = x_n)\log P({}^{(t)}X = x_n)$$

で決まります
この値が大きいほど近いのです

さて平均対数尤度について
先ほど説明した大数の法則の
2つめの例を
思い出せばわかるように

$$S({}^{(t)}X = x_1)\log P({}^{(t)}X = x_1) + \cdots + S({}^{(t)}X = x_n)\log P({}^{(t)}X = x_n) \approx \frac{\log P({}^{(1)}X = x_i) + \cdots + \log P({}^{(T)}X = x_j)}{T}$$

という関係が成立します

平均対数尤度の値が大きいほど
$P({}^{(t)}X)$ が $S({}^{(t)}X)$ に近い……

それはつまり
この式の右辺の分子である
対数尤度と呼ばれる

$$\log P({}^{(1)}X = x_i) + \cdots + \log P({}^{(T)}X = x_j)$$
$$= \log\{P({}^{(1)}X = x_i) \times \cdots \times P({}^{(T)}X = x_j)\}$$

の値が大きいほど
$P({}^{(t)}X)$ が $S({}^{(t)}X)$ に近いことを意味します

言いかえると
尤度と呼ばれる
$P(^{(1)}X=x_i)\times\cdots\times P(^{(T)}X=x_j)$
の値が大きいほど
$P(^{(t)}X)$ が $S(^{(t)}X)$ に近いことを意味します

対数尤度

$$\log\{\underbrace{P(^{(1)}X=x_i)\times\cdots\times P(^{(T)}X=x_j)}_{\text{尤度}}\}$$

2. 尤度関数

2.1　多項分布の尤度関数

前回の授業で取り上げた
豆腐屋の福引の例を
思い出してください

１回引くたびに
玉は抽籤器に
戻されるので……

・A 賞の玉の出る確率は常に $\frac{1}{4}$
・B 賞の玉の出る確率は常に $\frac{2}{4}$
・C 賞の玉の出る確率は常に $\frac{1}{4}$
でしたね

６回引く機会を
ななみちゃんが
得たとします

挑んだところ、
・１回目は B 賞の玉
・２回目は C 賞の玉
・３回目は A 賞の玉
・４回目は B 賞の玉
・５回目は A 賞の玉
・６回目は A 賞の玉
という戦績でした

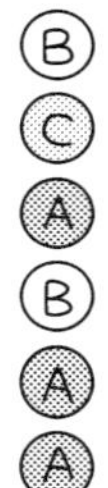

下表のように記号化します

t 回目に引いた際の結果 ${}^{(t)}X$	A 賞	B 賞	C 賞
$P({}^{(t)}X)$	$q_{\text{A賞}}$	$q_{\text{B賞}}$	$1-q_{\text{A賞}}-q_{\text{B賞}}$
ななみちゃんは知らない真の確率 $S({}^{(t)}X)$	$\frac{1}{4}$	$\frac{2}{4}$	$\frac{1}{4}$

独立で同一な確率分布に ${}^{(1)}X$ と…と ${}^{(6)}X$ がしたがうことを踏まえつつ尤度を計算します

キュキュッ

$$P({}^{(1)}X=\text{B賞})\times \text{P}({}^{(2)}X=\text{C賞})\times \text{P}({}^{(3)}X=\text{A賞})\times \text{P}({}^{(4)}X=\text{B賞})\times \text{P}({}^{(5)}X=\text{A賞})\times \text{P}({}^{(6)}X=\text{A賞})$$
$$=q_{\text{A賞}}^3\times q_{\text{B賞}}^2\times(1-q_{\text{A賞}}-q_{\text{B賞}})$$

です

尤度を $q_{\text{A賞}}$ と $q_{\text{B賞}}$ の関数と解釈し

$$f(q_{\text{A賞}},\ q_{\text{B賞}})=q_{\text{A賞}}^3\times q_{\text{B賞}}^2\times(1-q_{\text{A賞}}-q_{\text{B賞}})$$

とおきます

ふむふむ

この関数は**尤度関数**と呼ばれます

尤度が大きいほど真の確率である $S({}^{(t)}X)$ に $P({}^{(t)}X)$ は近いのですから

尤度関数の最大値に対応する $q_{\text{A賞}}$ と $q_{\text{B賞}}$ の具体的な値が最も尤もな推定値だと解釈します

これらの推定値は**最尤推定値**と呼ばれます

いまの例における最尤推定値である $\hat{q}_{\text{A賞}}$ と $\hat{q}_{\text{B賞}}$ は、以下に記すStep1 からStep4 までの計算で求められます。

Step1

尤度関数の対数を整理する。

$$
\begin{aligned}
\log f(q_{\text{A賞}},\ q_{\text{B賞}}) &= \log\{q_{\text{A賞}}^{3} \times q_{\text{B賞}}^{2} \times (1 - q_{\text{A賞}} - q_{\text{B賞}})\} \\
&= 3\log q_{\text{A賞}} + 2\log q_{\text{B賞}} + \log(1 - q_{\text{A賞}} - q_{\text{B賞}})
\end{aligned}
$$

尤度関数の対数である $\log f(q_{\text{A賞}},\ q_{\text{B賞}})$ は**対数尤度関数**と呼ばれます。

Step2

対数尤度関数を $q_{\text{A賞}}$ について微分して 0 とおき、整理する。

$$
\begin{aligned}
&\frac{d}{dq_{\text{A賞}}}\{3\log q_{\text{A賞}} + 2\log q_{\text{B賞}} + \log(1 - q_{\text{A賞}} - q_{\text{B賞}})\} \\
&= \frac{3}{q_{\text{A賞}}} - \frac{1}{1 - q_{\text{A賞}} - q_{\text{B賞}}} = 0
\end{aligned}
$$

$$
\frac{3}{q_{\text{A賞}}} = \frac{1}{1 - q_{\text{A賞}} - q_{\text{B賞}}}
$$

微分の考え方については高橋信『マンガでわかる統計学【回帰分析編】』（オーム社）などを参照してください。

Step3

対数尤度関数を $q_{\text{B賞}}$ について微分して 0 とおき、整理する。

$$\frac{d}{dq_{\text{B賞}}}\{3\log q_{\text{A賞}} + 2\log q_{\text{B賞}} + \log(1 - q_{\text{A賞}} - q_{\text{B賞}})\}$$
$$= \frac{2}{q_{\text{B賞}}} - \frac{1}{1 - q_{\text{A賞}} - q_{\text{B賞}}} = 0$$

$$\frac{2}{q_{\text{B賞}}} = \frac{1}{1 - q_{\text{A賞}} - q_{\text{B賞}}}$$

Step4

Step2 と Step3 の結果から、最尤推定値である $\hat{q}_{\text{A賞}}$ と $\hat{q}_{\text{B賞}}$ を求める。$\hat{q}_{\text{C賞}}$ も求める。

$$\frac{3}{q_{\text{A賞}}} = \frac{2}{q_{\text{B賞}}} = \frac{1}{1 - q_{\text{A賞}} - q_{\text{B賞}}} \quad \text{つまり} \quad \frac{q_{\text{A賞}}}{3} = \frac{q_{\text{B賞}}}{2} = \frac{1 - q_{\text{A賞}} - q_{\text{B賞}}}{1}$$

である。したがって、

$$\begin{cases} \hat{q}_{\text{A賞}} = \dfrac{3}{6} \\ \hat{q}_{\text{B賞}} = \dfrac{2}{6} \\ \hat{q}_{\text{C賞}} = 1 - \hat{q}_{\text{A賞}} - \hat{q}_{\text{B賞}} = \dfrac{1}{6} \end{cases}$$

である。

おや、$\hat{q}_{\text{A賞}}$も$\hat{q}_{\text{B賞}}$も$\hat{q}_{\text{C賞}}$も、真の確率である$S({}^{(t)}X)$とは大きく異なる結果になってしまいました。原因は、福引に挑んだ回数が6回と少なかったことにあります。ななみちゃんと同じ福引に私が1000回挑戦したところ、次の結果が得られました。

$$\begin{aligned}\log f(q_{\text{A賞}},\ q_{\text{B賞}}) &= \log\{P({}^{(1)}X = \text{B賞}) \times \cdots \times \log \mathrm{P}({}^{(1000)}X = \text{C賞})\} \\ &= \log\{q_{\text{A賞}}^{255} \times q_{\text{B賞}}^{501} \times (1 - q_{\text{A賞}} - q_{\text{B賞}})^{244}\} \\ &= 255 \log q_{\text{A賞}} + 501 \log q_{\text{B賞}} + 244 \log(1 - q_{\text{A賞}} - q_{\text{B賞}})\end{aligned}$$

$$\begin{cases} \hat{q}_{\text{A賞}} = \dfrac{255}{1000} = 0.255 \approx \dfrac{1}{4} = S({}^{(t)}X = \text{A賞}) \\ \hat{q}_{\text{B賞}} = \dfrac{501}{1000} = 0.501 \approx \dfrac{2}{4} = S({}^{(t)}X = \text{B賞}) \\ \hat{q}_{\text{C賞}} = 1 - \hat{q}_{\text{A賞}} - \hat{q}_{\text{B賞}} = \dfrac{244}{1000} = 0.244 \approx \dfrac{1}{4} = S({}^{(t)}X = \text{C賞}) \end{cases}$$

ちなみに、**最大対数尤度**と呼ばれる、対数尤度関数に最尤推定値を代入したものは下表のとおりです。

ななみちゃんの場合	$\log f(\hat{q}_{\text{A賞}},\ \hat{q}_{\text{B賞}})$ $= 3\log\frac{3}{6} + 2\log\frac{2}{6} + \log\frac{1}{6}$ $= 3\log 3 + 2\log 2 + \log 1 - 6\log 6$ $= -6.1$
私の場合	$\log f(\hat{q}_{\text{A賞}},\ \hat{q}_{\text{B賞}})$ $= 255\log\frac{255}{1000} + 501\log\frac{501}{1000} + 244\log\frac{244}{1000}$ $= 255\log 255 + 501\log 501 + 244\log 244 - 1000\log 1000$ $= -1038.9$

2.2 正規分布の尤度関数

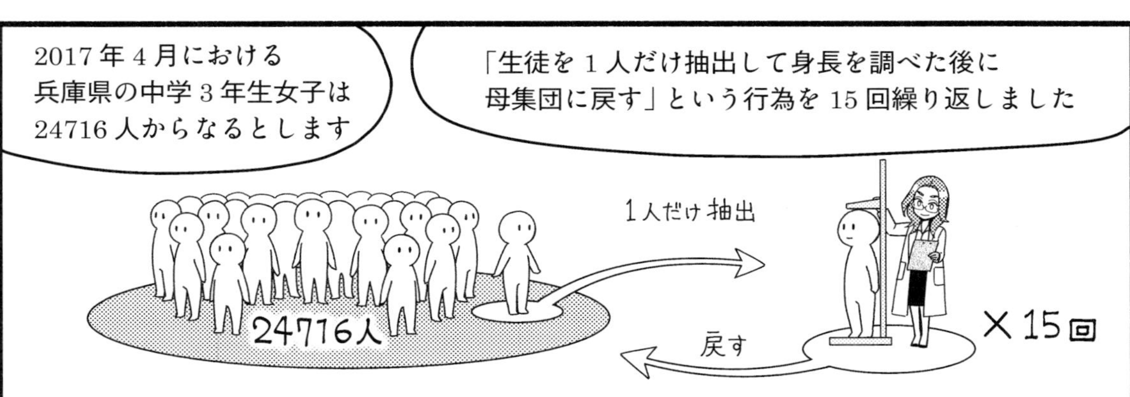

		身長
第 1 回 →	生徒 22061	149.0
第 2 回 →	生徒 9863	160.7
第 3 回 →	生徒 18829	149.5
第 4 回 →	生徒 18079	156.3
第 5 回 →	生徒 3641	158.3
第 6 回 →	生徒 14606	162.2
第 7 回 →	生徒 7107	154.5
第 8 回 →	生徒 8812	156.5
第 9 回 →	生徒 4480	150.8
第 10 回 →	生徒 15549	161.5
第 11 回 →	生徒 12454	158.8
第 12 回 →	生徒 700	164.8
第 13 回 →	生徒 20711	154.5
第 14 回 →	生徒 11786	162.1
第 15 回 →	生徒 989	163.2
→	平均	157.5
	分散	23.95

独立で同一な確率分布に $^{(1)}X$ と…と $^{(15)}X$ が したがうことを踏まえつつ 尤度を計算します

いまの例における尤度は 先ほどの福引の例と同様に 考えればわかるように 次のとおりです

$$
\begin{aligned}
&P(^{(1)}X = 149.0) \times \cdots \times P(^{(15)}X = 163.2) \\
&\approx P(149.0 - \Delta \le {}^{(1)}X \le 149.0 + \Delta) \times \cdots \times P(163.2 - \Delta \le {}^{(15)}X \le 163.2 + \Delta) \\
&= \int_{149.0-\Delta}^{149.0+\Delta} f(x)\,dx \times \cdots \times \int_{163.2-\Delta}^{163.2+\Delta} f(x)\,dx
\end{aligned}
$$

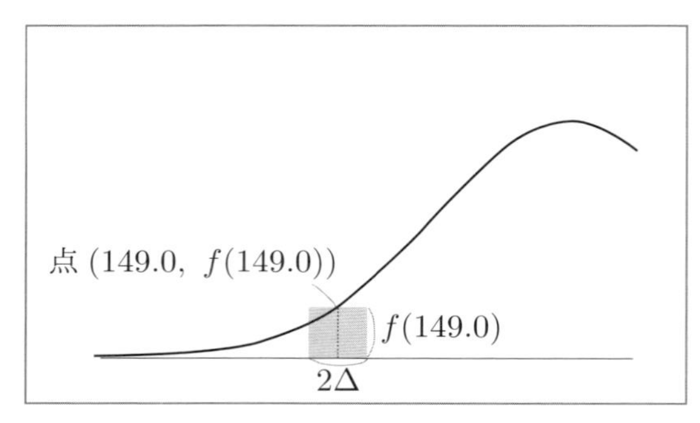

$$
\begin{aligned}
&\approx \{f(149.0) \times 2\Delta\} \times \cdots \times \{f(163.2) \times 2\Delta\} \\
&= \{f(149.0) \times \cdots \times f(163.2)\} \times (2\Delta)^{15} \\
&= \left\{ \frac{1}{\sqrt{2\pi}\sigma} \exp\left(-\frac{(149.0-\mu)^2}{2\sigma^2} \right) \times \cdots \times \frac{1}{\sqrt{2\pi}\sigma} \exp\left(-\frac{(163.2-\mu)^2}{2\sigma^2} \right) \right\} \times (2\Delta)^{15}
\end{aligned}
$$

上式の第１項を μ と σ^2 の関数と解釈して

$$
f(\mu,\ \sigma^2) = \frac{1}{\sqrt{2\pi}\sigma} \exp\left(-\frac{(149.0-\mu)^2}{2\sigma^2} \right) \times \cdots \times \frac{1}{\sqrt{2\pi}\sigma} \exp\left(-\frac{(163.2-\mu)^2}{2\sigma^2} \right)
$$

とおきます

いまの例における最尤推定値である $\hat{\mu}$ と $\hat{\sigma}^2$ は、以下に記すStep1からStep3までの計算で求められます。

Step1

対数尤度関数を整理する。

$$
\begin{aligned}
\log f(\mu,\ \sigma^2) &= \log\left\{\frac{1}{\sqrt{2\pi}\sigma}\exp\left(-\frac{(149.0-\mu)^2}{2\sigma^2}\right)\times\cdots\times\frac{1}{\sqrt{2\pi}\sigma}\exp\left(-\frac{(163.2-\mu)^2}{2\sigma^2}\right)\right\}\\
&= \log\left\{\left(\frac{1}{\sqrt{2\pi}\sigma}\right)^{15}\exp\left(-\frac{(149.0-\mu)^2+\cdots+(163.2-\mu)^2}{2\sigma^2}\right)\right\}\\
&= \log\left\{(2\pi\sigma^2)^{-\frac{15}{2}}\right\}+\log\left\{\exp\left(-\frac{(149.0-\mu)^2+\cdots+(163.2-\mu)^2}{2\sigma^2}\right)\right\}\\
&= -\frac{15}{2}\log(2\pi)-\frac{15}{2}\log(\sigma^2)-\frac{(\mu-149.0)^2+\cdots+(\mu-163.2)^2}{2\sigma^2}
\end{aligned}
$$

Step2

対数尤度関数を μ について微分して 0 とおく。整理して $\hat{\mu}$ を求める。

$$\frac{d}{d\mu}\left\{-\frac{15}{2}\log(2\pi)-\frac{15}{2}\log(\sigma^2)-\frac{(\mu-149.0)^2+\cdots+(\mu-163.2)^2}{2\sigma^2}\right\}$$

$$=-\frac{2(\mu-149.0)+\cdots+2(\mu-163.2)}{2\sigma^2}=0$$

$$(\mu-149.0)+\cdots+(\mu-163.2)=0$$

$$\mu=\frac{149.0+\cdots+163.2}{15}=157.5$$

つまり、$\hat{\mu}=\dfrac{149.0+\cdots+163.2}{15}=157.5$ である。

Step3

対数尤度関数を σ^2 について微分して 0 とおく。整理して $\hat{\sigma}^2$ を求める。

$$\frac{d}{d\sigma^2}\left\{-\frac{15}{2}\log(2\pi)-\frac{15}{2}\log(\sigma^2)-\frac{(\mu-149.0)^2+\cdots+(\mu-163.2)^2}{2\sigma^2}\right\}$$

$$=-\frac{15}{2}\times\frac{1}{\sigma^2}-\left(-\frac{(\mu-149.0)^2+\cdots+(\mu-163.2)^2}{2(\sigma^2)^2}\right)=0$$

$$\frac{15}{2\sigma^2}=\frac{(\mu-149.0)^2+\cdots+(\mu-163.2)^2}{2(\sigma^2)^2}$$

$$\sigma^2=\frac{(\mu-149.0)^2+\cdots+(\mu-163.2)^2}{15}$$

したがって次のとおりである。

$$\hat{\sigma}^2 = \frac{(\hat{\mu}-149.0)^2+\cdots+(\hat{\mu}-163.2)^2}{15}$$
$$= \frac{(157.5-149.0)^2+\cdots+(157.5-163.2)^2}{15}$$
$$= 23.95$$

ちなみに最大対数尤度は以下のとおりです。

$$\log f(\hat{\mu},\ \hat{\sigma}^2) = -\frac{15}{2}\log(2\pi) - \frac{15}{2}\log(\hat{\sigma}^2) - \frac{(\hat{\mu}-149.0)^2+\cdots+(\hat{\mu}-163.2)^2}{2\hat{\sigma}^2}$$
$$= -\frac{15}{2}\log(2\pi) - \frac{15}{2}\log(\hat{\sigma}^2) - \frac{15}{2}\times\frac{1}{\hat{\sigma}^2}\times\frac{(\hat{\mu}-149.0)^2+\cdots+(\hat{\mu}-163.2)^2}{15}$$

Step3 より、$\hat{\sigma}^2 = \frac{(\hat{\mu}-149.0)^2+\cdots+(\hat{\mu}-163.2)^2}{15}$ だから……

$$= -\frac{15}{2}\log(2\pi) - \frac{15}{2}\log(\hat{\sigma}^2) - \frac{15}{2}$$
$$= -\frac{15}{2}\left\{\log(2\pi) + \log(\hat{\sigma}^2) + 1\right\}$$
$$= -\frac{15}{2}\left\{\log(2\pi) + \log(23.95) + 1\right\}$$
$$= -45.10$$

なるほど〜
…
気になることがあります
?

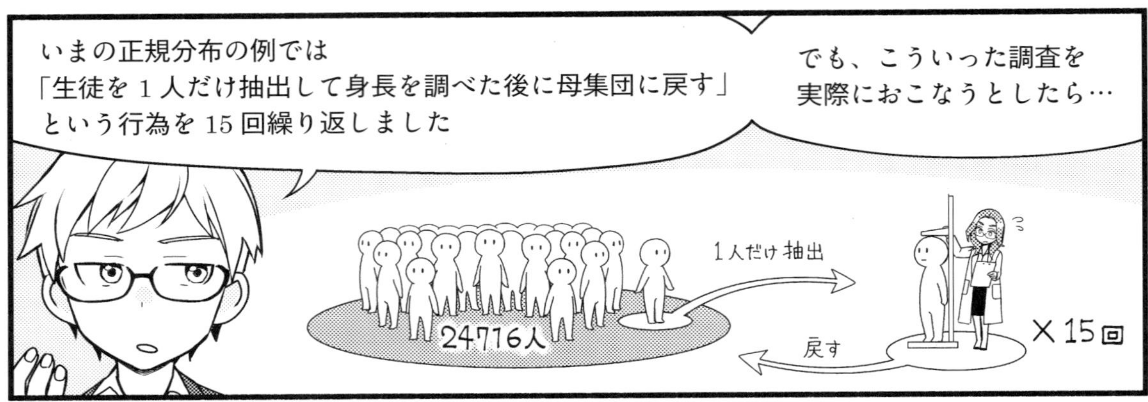
いまの正規分布の例では
「生徒を 1 人だけ抽出して身長を調べた後に母集団に戻す」
という行為を 15 回繰り返しました
でも、こういった調査を
実際におこなうとしたら…
1人だけ抽出
24716人
戻す
×15回

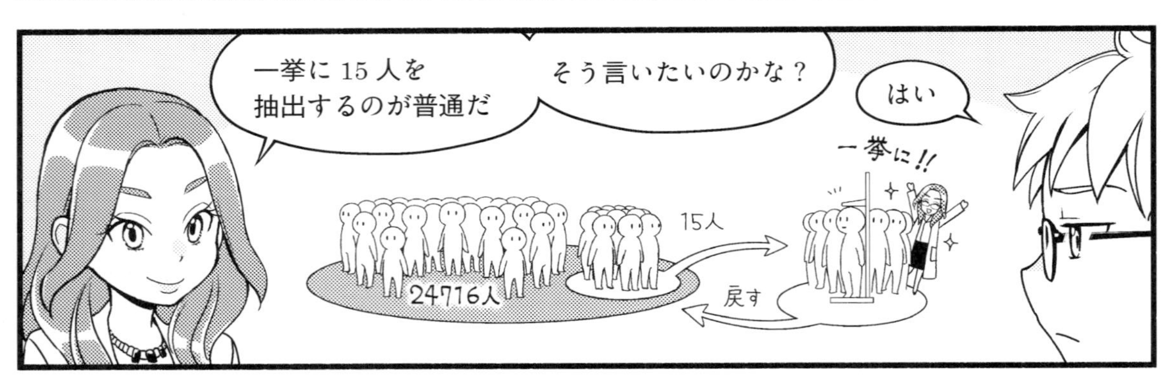
はい
そう言いたいのかな？
一挙に 15 人を
抽出するのが普通だ
一挙に!!
15人
24716人
戻す

細かい説明は省きますけれども
標本の人数にくらべて
母集団の人数がかなり多めなら
両者は同様の行為だと見做せるのです
へぇ〜
そうなんですか

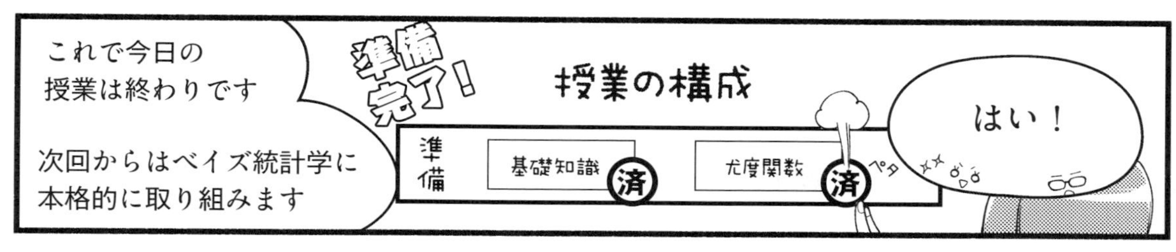
これで今日の
授業は終わりです
次回からはベイズ統計学に
本格的に取り組みます
準備完了！
授業の構成
準備
基礎知識
済
尤度関数
済
ペタ
はい！

24OPEN
ATM
ええ
そうなんです……
あの、山吹さん、
シャオームがきっかけで
ベイズ統計学を
勉強しようと思ったって
この前言ってましたよね？
じ…
気になる…

紺野さんは
シャオームを
観たことがありますか？
バッ

いいえ

インターネットで
観られますよ！
えっ
そうなんですか⁉
でも有料ですよね？

大丈夫です
第２話までは
無料なんです！
そ、そうですか

詳しく説明したいので
近くの喫茶店にでも
入りませんか！
キラ
キラ
うず
うず
は、
はい…

山吹さんの意外な一面が
どんどん出てくるなあ……

3. その他の尤度関数

本節では、

・**二項分布の尤度関数**

・**ポアソン分布の尤度関数**

を紹介します。

3.1 二項分布の尤度関数

79 ページの、つまり 34 ページの、豆腐屋の福引の例を思い出してください。抽籤器の中には玉が 4 個あって、A 賞が 1 個と B 賞が 2 個と C 賞が 1 個でした。1 回引くたびに玉は抽籤器に戻されるのですから、

・A **賞の玉の出る確率は常に** $\frac{1}{4}$

・B **賞の玉か** C **賞の玉の出る確率は常に** $\frac{3}{4}$

です。

T 回引く機会を山吹さんは得たとします。挑んだところ、A 賞の玉が出たのは T 回中 n 回という戦績でした。この結果から A 賞の玉の出る確率を山吹さんが推定したいのであれば、これから示す 4 つの手順を踏めば良いのです。まず下表のように記号化します。

t **回目に引いた際の結果** ${}^{(t)}X$	A **賞**	B **賞か** C **章**
$P({}^{(t)}X)$	$q_{\text{A賞}}$	$1-q_{\text{A賞}}$
山吹さんは知らない真の確率 $S({}^{(t)}X)$	$\frac{1}{4}$	$\frac{3}{4}$

つぎに、独立で同一な確率分布に ${}^{(1)}X$ と ${}^{(2)}X$ と…と ${}^{(T)}X$ がしたがうことを踏まえつつ、尤度を計算します。いまの例における尤度は、

$$
\begin{aligned}
&P({}^{(1)}X=\text{B賞})\times P({}^{(2)}X=\text{C賞})\times\cdots\times P({}^{(T)}X=\text{A賞})\\
&=q_{\text{A賞}}^{n}\times(1-q_{\text{A賞}})^{T-n}
\end{aligned}
$$

です。そして尤度を$q_{\text{A賞}}$の関数と解釈し、

$$f(q_{\text{A賞}}) = q_{\text{A賞}}^{n} \times (1 - q_{\text{A賞}})^{T-n}$$

とおきます。最後に、この尤度関数の最大値に対応する、$q_{\text{A賞}}$の最尤推定値を求めます。

いまの例における最尤推定値である$\hat{q}_{\text{A賞}}$は、以下に記すStep1からStep2までの計算で求められます。

Step1

対数尤度関数を整理する。

$$\begin{aligned}\log f(q_{\text{A賞}}) &= \log\{q_{\text{A賞}}^{n} \times (1 - q_{\text{A賞}})^{T-n}\} \\ &= n\log q_{\text{A賞}} + (T-n)\log(1 - q_{\text{A賞}})\end{aligned}$$

Step2

対数尤度関数を $q_{\text{A賞}}$ について微分して0とおく。整理して$\hat{q}_{\text{A賞}}$を求める。

$$\frac{d}{dq_{\text{A賞}}}\{n\log q_{\text{A賞}} + (T-n)\log(1 - q_{\text{A賞}})\}$$

$$= \frac{n}{q_{\text{A賞}}} - \frac{T-n}{1 - q_{\text{A賞}}} = 0$$

$$(T-n)q_{\text{A賞}} = n(1 - q_{\text{A賞}})$$

$$Tq_{\text{A賞}} - nq_{\text{A賞}} = n - nq_{\text{A賞}}$$

$$\hat{q}_{\text{A賞}} = \frac{n}{T}$$

3.2　ポアソン分布の尤度関数

東京都で△月 t 日に起こる火災の件数である ${}^{(t)}X$ は、

$$P({}^{(t)}X = x) = \frac{\lambda^x}{x!}e^{-\lambda}$$

というポアソン分布にしたがうとします。なおかつ ${}^{(1)}X$ と ${}^{(2)}X$ と ${}^{(3)}X$ と…は独立であるとします。

下表は、2017 年 11 月 1 日から 11 月 5 日までの、東京都で起こった火災の件数を記したものです（※数値は架空のものです）。

	火災の件数
11 月 1 日	12
11 月 2 日	11
11 月 3 日	15
11 月 4 日	13
11 月 5 日	10

上表からλを推定したいのであれば、これから示す 3 つの手順を踏めば良いのです。まず、独立で同一な確率分布に ${}^{(1)}X$ と…と ${}^{(5)}X$ がしたがうことを踏まえつつ、尤度を計算します。いまの例における尤度は、

$$\begin{aligned}
&P({}^{(1)}X = 12) \times P({}^{(2)}X = 11) \times P({}^{(3)}X = 15) \times P({}^{(4)}X = 13) \times P({}^{(5)}X = 10) \\
&= \frac{\lambda^{12}}{12!}e^{-\lambda} \times \frac{\lambda^{11}}{11!}e^{-\lambda} \times \frac{\lambda^{15}}{15!}e^{-\lambda} \times \frac{\lambda^{13}}{13!}e^{-\lambda} \times \frac{\lambda^{10}}{10!}e^{-\lambda} \\
&= \frac{\lambda^{12+11+15+13+10}}{12! \times 11! \times 15! \times 13! \times 10!}e^{-5\lambda}
\end{aligned}$$

です。つぎに、尤度をλの関数と解釈し、

$$f(\lambda) = \frac{\lambda^{12+11+15+13+10}}{12! \times 11! \times 15! \times 13! \times 10!}e^{-5\lambda}$$

とおきます。最後に、この尤度関数の最大値に対応する、λの最尤推定値を求めます。

いまの例における最尤推定値である$\hat{\lambda}$は、以下に記すStep1からStep2までの計算で求められます。

Step1

対数尤度関数を整理する。

$$\log f(\lambda) = \log\left(\frac{\lambda^{12+11+15+13+10}}{12!\times 11!\times 15!\times 13!\times 10!}e^{-5\lambda}\right)$$
$$= (12+11+15+13+10)\log\lambda - \log(12!\times 11!\times 15!\times 13!\times 10!) + \log(e^{-5\lambda})$$
$$= (12+11+15+13+10)\log\lambda - \log(12!\times 11!\times 15!\times 13!\times 10!) - 5\lambda$$

Step2

対数尤度関数をλについて微分して0とおく。整理して$\hat{\lambda}$を求める。

$$\frac{d}{d\lambda}\left\{(12+11+15+13+10)\log\lambda - \log(12!\times 11!\times 15!\times 13!\times 10!) - 5\lambda\right\}$$
$$= \frac{12+11+15+13+10}{\lambda} - 5 = 0$$

$$\hat{\lambda} = \frac{12+11+15+13+10}{5} = 12.2$$

第4章

ベイズの定理

どうしても
俺と戦うと
言うのか？
力こそが正義！
お前も力を
持った者なら
わかるだろう！
変身！
バッ
カチ
こんな戦い
意味がない
じゃないか！
ゴオオオオッ
ドキ
ドキ
変身！
バッ
カチ
ガッ

そんな自分勝手な
正義があるものか！
お前は将来
オレが正義を貫くための
大きな障害になる

ギインッ
ギインッ

さてさて
続きは、と……
はじめから見る
とちゅうから見る
コメンタリーを見る
超変身戦士
シャオーム
3巻
でも……

シャオームと
キャヴェン
かっこいいなあ
でもヒーロー同士が
戦うなんて悲しすぎる

あ！
夢中になって観ていたら
もうこんな時間だ
授業に行かなきゃ！
バタ
バタ

山吹さんはなんで
これでベイズ統計学を
勉強しようと
思ったんだろう……？？？
超変身戦士

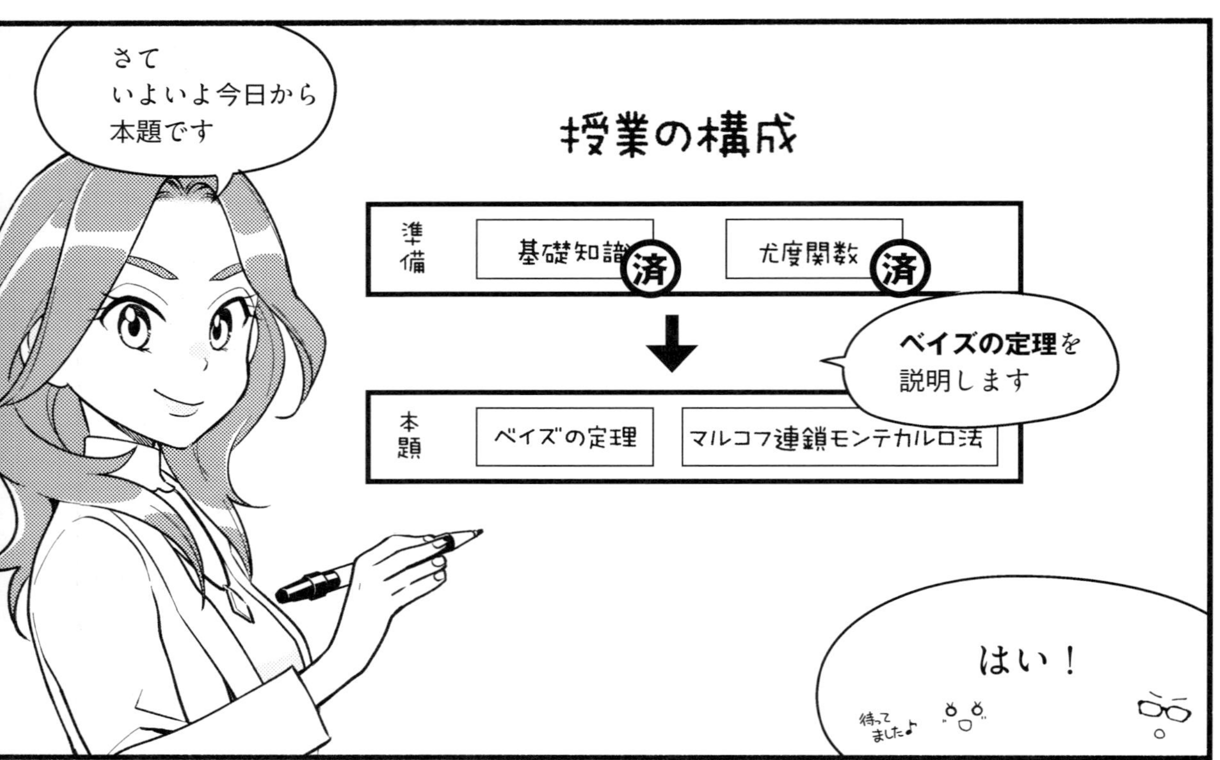
さて
いよいよ今日から
本題です
授業の構成
準備
基礎知識
済
尤度関数
済
ベイズの定理を
説明します
本題
ベイズの定理
マルコフ連鎖モンテカルロ法
はい！
待ってました♪

本題に入る前に
私が説明で使う
記号について
注意があります
ピピ
はい
高校までの数学
主
従
高等学校までの数学では
主従関係における
「主」の役割を担う記号は x であり
「従」の役割を担う記号は y でした

しかし論じている事柄が
不明瞭にさえならなければ

サラ
サラ

・$y=2\theta-1$　←　x でなく θ を「主」に使ってもかまわない！

・$f(y)=2y-1$　←　x でなく y を「主」につかってもかまわない！

・$\pi(\theta)=2\theta-1$　←　f でなく π を使ってもかまわない！

といった具合に
どの場面に
どの記号を使おうと
かまいません

角度を意味する
場面じゃないのに
θ を使っても
いいんですか？

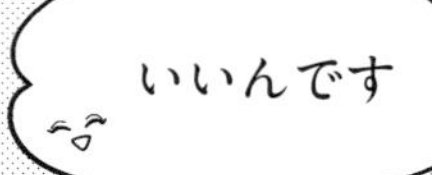

1. ベイズの定理

1.1 条件付き確率

鳥越さん 母 娘

鳥越さんの娘は
就職を機に
一人暮らしをしています

気ままな一人暮らしを
いいことに
鳥越さんが電話をかけても
ちっとも出ず

気の向いた時だけ
娘から電話をかけてきます

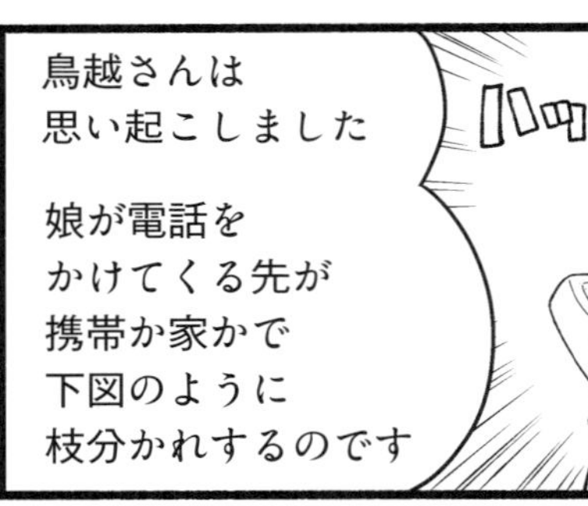

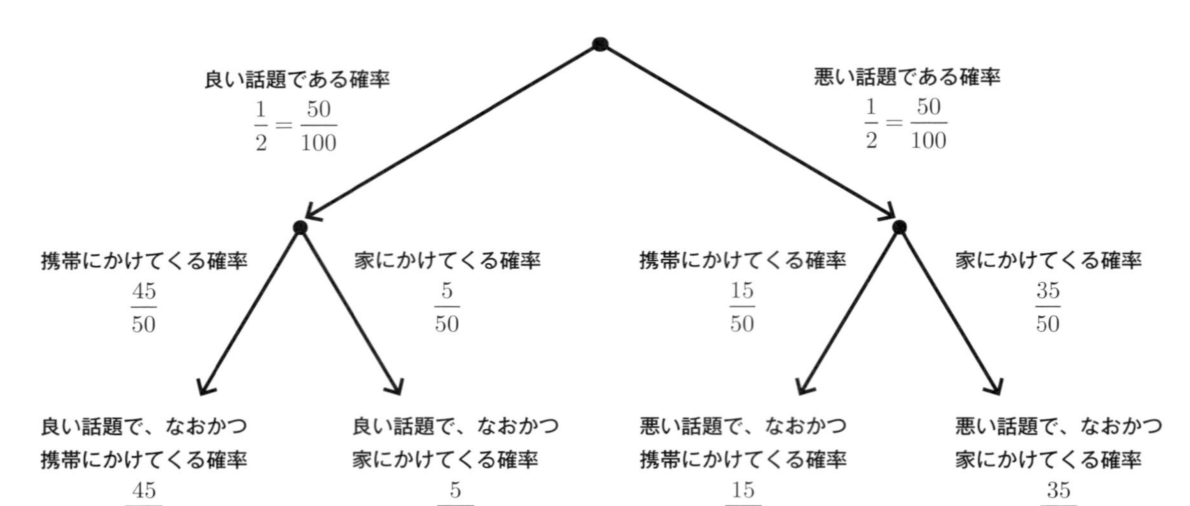

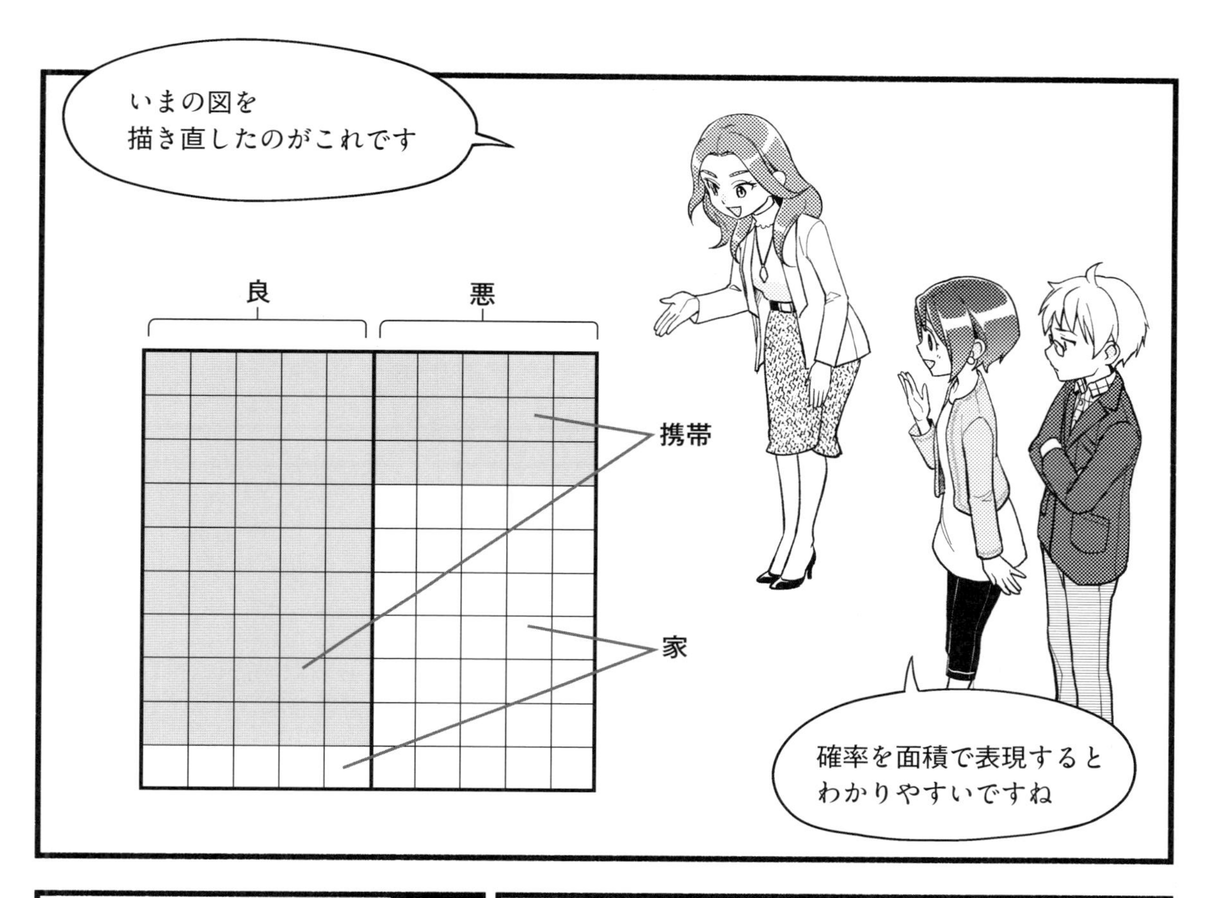

図からわかるように

$$
\begin{cases}
P(\Theta = \text{良}) = \dfrac{50}{100} \\[2ex]
P(\Theta = \text{悪}) = \dfrac{50}{100}
\end{cases}
$$

$$
\begin{cases}
P(X = \text{携帯}) = \dfrac{45}{100} + \dfrac{15}{100} = \dfrac{60}{100} \\[2ex]
P(X = \text{家}) = \dfrac{5}{100} + \dfrac{35}{100} = \dfrac{40}{100}
\end{cases}
$$

です

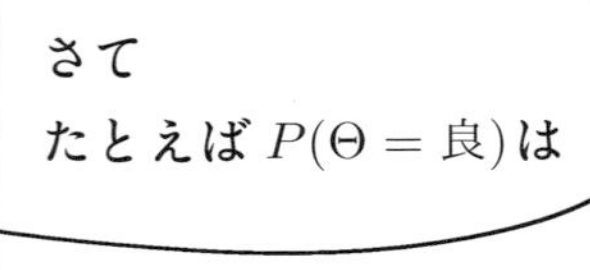

$$
\begin{aligned}
P(\Theta=良) &= \frac{50}{100} \\
&= \frac{45}{100} + \frac{5}{100} \\
&= \frac{45}{60} \times \frac{60}{100} + \frac{5}{40} \times \frac{40}{100} \\
&= \frac{45}{60} \times P(X=携帯) + \frac{5}{40} \times P(X=家)
\end{aligned}
$$

と書き替えられます

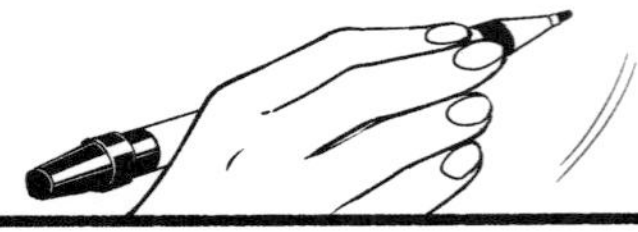

いまの式の最下行における $\frac{45}{60}$ は
$P(\Theta=良 \mid X=携帯)$ と表記され

「$X=携帯$」が与えられた場合における
「$\Theta=良$」の**条件付き確率**

と呼ばれます

同様に $\frac{5}{40}$ は
$P(\Theta=良 \mid X=家)$ と表記され

「$X=家$」が与えられた場合における
「$\Theta=良$」の条件付き確率

と呼ばれます

条件付き確率

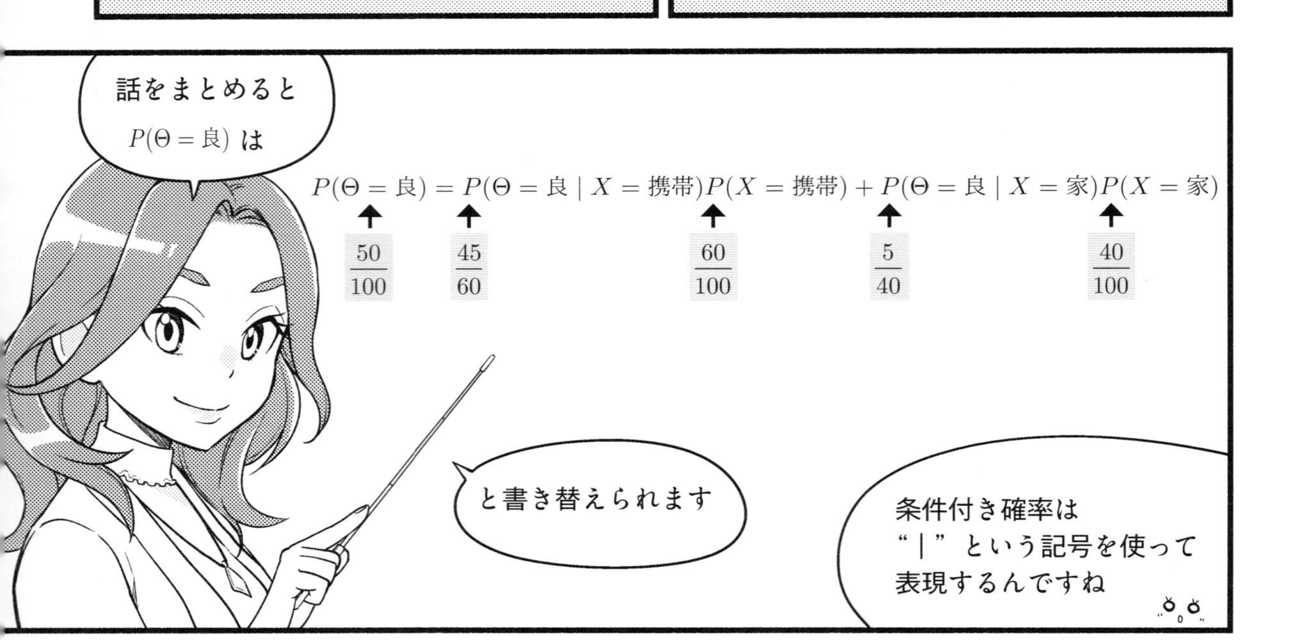

$$
P(\Theta=良) = P(\Theta=良 \mid X=携帯)P(X=携帯) + P(\Theta=良 \mid X=家)P(X=家)
$$

$P(\Theta=良) \uparrow \frac{50}{100}$, $P(\Theta=良 \mid X=携帯) \uparrow \frac{45}{60}$, $P(X=携帯) \uparrow \frac{60}{100}$, $P(\Theta=良 \mid X=家) \uparrow \frac{5}{40}$, $P(X=家) \uparrow \frac{40}{100}$

1.2 同時確率

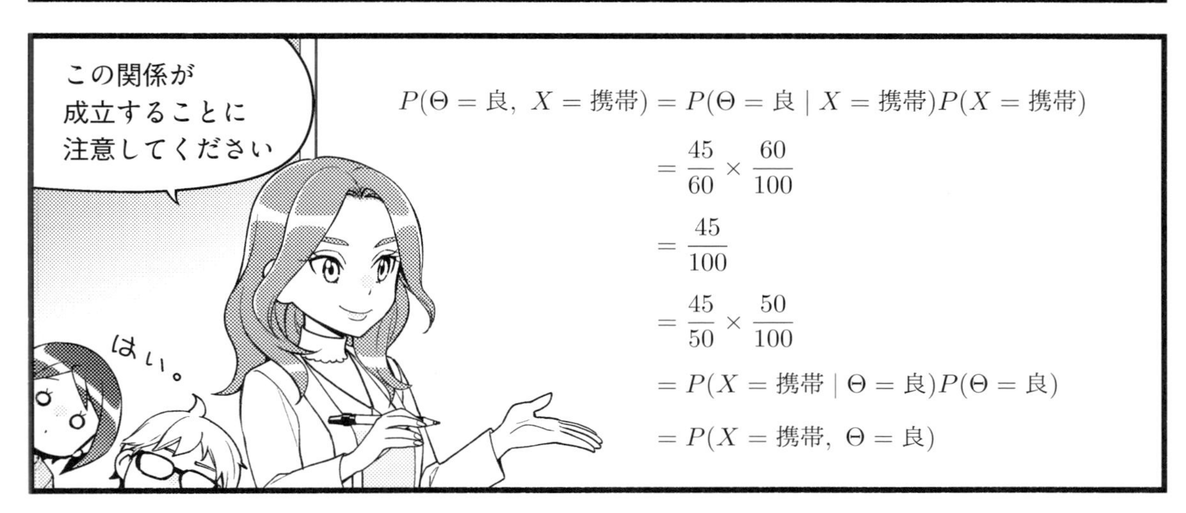

$$
\begin{aligned}
P(\Theta = 良,\ X = 携帯) &= P(\Theta = 良 \mid X = 携帯)P(X = 携帯) \\
&= \frac{45}{60} \times \frac{60}{100} \\
&= \frac{45}{100} \\
&= \frac{45}{50} \times \frac{50}{100} \\
&= P(X = 携帯 \mid \Theta = 良)P(\Theta = 良) \\
&= P(X = 携帯,\ \Theta = 良)
\end{aligned}
$$

1.3 ベイズの定理

いま示したように

$$P(\Theta=\text{良}\mid X=\text{携帯})P(X=\text{携帯})=P(X=\text{携帯}\mid\Theta=\text{良})P(\Theta=\text{良})$$

という関係が成立します

この式は

$$P(\Theta=\text{良}\mid X=\text{携帯})=\frac{P(X=\text{携帯}\mid\Theta=\text{良})P(\Theta=\text{良})}{P(X=\text{携帯})}$$

$$=\frac{P(X=\text{携帯}\mid\Theta=\text{良})P(\Theta=\text{良})}{P(X=\text{携帯}\mid\Theta=\text{良})P(\Theta=\text{良})+P(X=\text{携帯}\mid\Theta=\text{悪})P(\Theta=\text{悪})}$$

と書き替えられます

この

$$P(\Theta=\theta_i\mid X=x)=\frac{P(X=x\mid\Theta=\theta_i)P(\Theta=\theta_i)}{P(X=x)}$$

$$=\frac{P(X=x\mid\Theta=\theta_i)P(\Theta=\theta_i)}{P(X=x\mid\Theta=\theta_1)P(\Theta=\theta_1)+P(X=x\mid\Theta=\theta_2)P(\Theta=\theta_2)+\cdots}$$

という式を
ベイズの定理とか
ベイズの公式と言います

一見すると複雑な形を
していますけど
冷静に見ると
そうでもないですね

1.4 具体例

問題

ななみちゃんはインターネット調査会社に勤めているとします。

ななみちゃんの会社では、これまでの経験から、調査の自由回答欄を「ですます調」で書く人の割合と言うか確率がおおよそ以下の状況なのを知っています。

- 40 **歳以上なら、**0.79 **である。つまり、** $P(X = \text{ですます調} \mid \Theta \geq 40) = 0.79$ **である。**
- 40 **歳未満なら、**0.26 **である。つまり、** $P(X = \text{ですます調} \mid \Theta < 40) = 0.26$ **である。**

ある飲料の発売 1 週間後に、その製造会社から委託された調査をななみちゃんの会社は実施しました。「ですます調」による非常に有益な意見を自由回答欄に書いた、ID が「yamamoto3」という人がいました。そんな、「ですます調」で意見を書いた「yamamoto3」氏が 40 歳以上である確率の、$P(\Theta \geq 40 \mid X = \text{ですます調})$ を推定しなさい。

考え方

$P(\Theta \geq 40 \mid X = \text{ですます調})$はベイズの定理より

$$P(\Theta \geq 40 \mid X = \text{ですます調})$$

$$= \frac{P(X = \text{ですます調} \mid \Theta \geq 40)P(\Theta \geq 40)}{P(X = \text{ですます調})}$$

$$= \frac{P(X = \text{ですます調} \mid \Theta \geq 40)P(\Theta \geq 40)}{P(X = \text{ですます調} \mid \Theta \geq 40)P(\Theta \geq 40) + P(X = \text{ですます調} \mid \Theta < 40)P(\Theta < 40)}$$

$$= \frac{0.79 \times P(\Theta \geq 40)}{0.79 \times P(\Theta \geq 40) + 0.26 \times P(\Theta < 40)}$$

です

先生

・「yamamoto3 が 40 歳以上である確率」の $P(\Theta \geq 40)$
・「yamamoto3 が 40 歳未満である確率」の $P(\Theta < 40)$
はどうすればいいのでしょう？

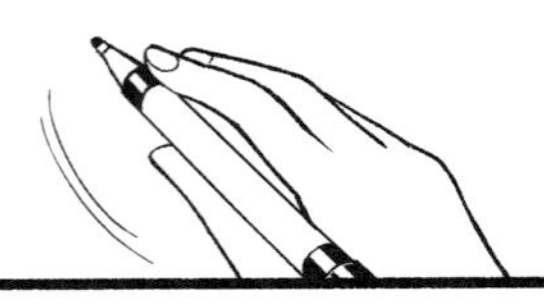

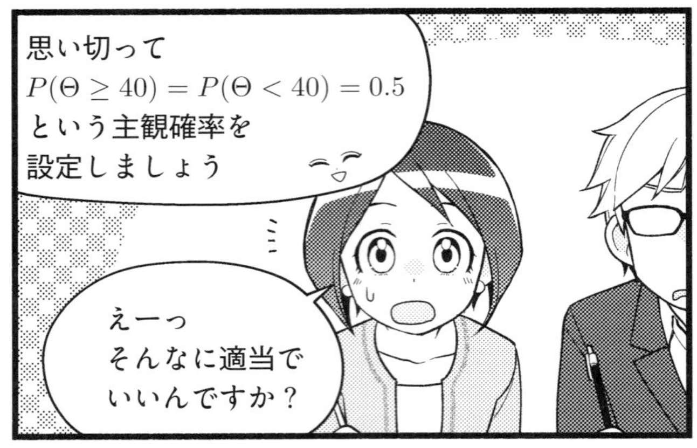

! 解答

$$P(\Theta \geq 40 \mid X = \text{ですます調}) = \frac{0.79 \times P(\Theta \geq 40)}{0.79 \times P(\Theta \geq 40) + 0.26 \times P(\Theta < 40)}$$

$$= \frac{0.79 \times 0.5}{0.79 \times 0.5 + 0.26 \times 0.5}$$

$$= 0.752$$

解答に関係する
注意が 2 つあります

1 つめ
結果が 0.752 だったからといって
yamamoto3 が 40 歳以上なのは
おおよそ間違いないと
結論づけるのは早計です

フフフ　フフ…

注意の２つめ

いまの具体例におけるベイズの定理は
当たり前ですけど

$$P(\Theta \geq 40 \mid X = \text{ですます調}) = \frac{P(X = \text{ですます調} \mid \Theta \geq 40)P(\Theta \geq 40)}{P(X = \text{ですます調})}$$

$$= \frac{1}{P(X = \text{ですます調})} \times P(X = \text{ですます調} \mid \Theta \geq 40)P(\Theta \geq 40)$$

と書き替えられます

つまり
「左辺は右辺に比例する」という意味の
「∝」という記号を使うと

$$P(\Theta \geq 40 \mid X = \text{ですます調}) \propto P(X = \text{ですます調} \mid \Theta \geq 40)P(\Theta \geq 40)$$

と書き替えられます

この式は
ベイズ統計学の文脈だと

yamamoto3 が 40 歳以上である確率が……

↓

$P(X = \text{ですます調} \mid \Theta \geq 40)$ をかけた結果……

↓

$P(\Theta \geq 40)$ から $P(\Theta \geq 40 \mid X = \text{ですます調})$ に変身した！

と解釈されます

変身!!
変身ですって
山吹さん！

変身って
なんだかヒーロー
みたいですね……
?

ベイズの定理で変身したから
「統計学戦隊ベイジアン」
ってところでしょうか？
バーン!!
統計学戦隊
ベイジアン

ベイジアン……
かっこいい
ですね……
説明を
続けますよ～？
ぽわわん…

ちなみに
いまの具体例から
想像すればわかるように
現実の調査において
$$P(\text{年齢}, \text{性別}, \text{学歴} \mid \text{記述内容が下品}) = \frac{P(\text{記述内容が下品} \mid \text{年齢}, \text{性別}, \text{学歴})\,P(\text{年齢}, \text{性別}, \text{学歴})}{P(\text{記述内容が下品})}$$
などを推定できなくもないことは
知っておいたほうがいいでしょう

2. 事前確率密度関数と事後確率密度関数

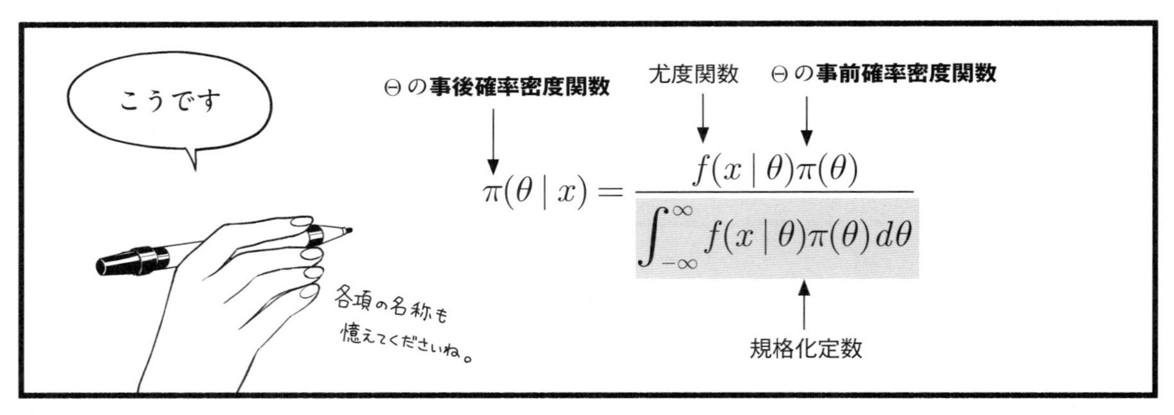

「Θの事前確率密度関数」と「Θの事後確率密度関数」に対応する確率分布は、それぞれ、「Θの**事前分布**」と「Θの**事後分布**」と呼ばれます。

上式の右辺の分子における尤度関数 $f(x \mid \theta)$ は、見た目の雰囲気が異なりますけれども、前回の授業で説明したものを意味しています。

左辺の $\pi(\theta \mid x)$ は、「『$X=x$』が与えられた場合におけるΘの**条件付き確率密度関数**」とも呼ばれます。

確率変数が
連続型である場合のベイズの定理も
離散型の場合と同様に

$$\pi(\theta \mid x) \propto f(x \mid \theta)\pi(\theta)$$

と書き替えられます

そこが理由です
え、そこが！？

あれ
ヒーロー同士が
戦っていたでしょう？
はは
はい

あのー
山吹さん
ガヤ
ガヤ
シャオームを
観てみたんですけど
あれとベイズ統計学が
どう結びつくんでしょう？

ヒーロー同士が戦うとか
新しいことにいくつも
挑戦していたんだそうです
子どもの頃に夢中だった
シャオームの特番を
テレビでやっていて
当時の制作者が
熱く語っていたんです
2か月くらい前
でしたでしょうか
シャオーム制作秘話
インタビュー
挑戦の連続でしたよ
プロデューサーの反対を押し切
へーっ

その特番を
観ているうちに
仕事の忙しさとかを
言い訳にして
新しいことや知らないことを
勉強しようとしない
自分に気づいて……

これでは
いけない、と？

そういうこと
だったんですね

あの時に感じた反省を
忘れないようにと
だからこうして
キーホルダーを
付けているんです
シャオームの全話も
見返しました。

特番を観て
「とにかく自分を変えなきゃ！」
と思っていた矢先に
ゼミのOB会で灰田先生と
お会いする機会があって
ベイズ統計学を
勉強したいと相談したら
茜先生を紹介していただいて……
ベイズ統計学に興味があるんですか、そうですか！
あ、もしもし 茜先生？
かくかく しかじか
おお、そりゃ ちょうどいい！
山吹くん
段取りつけときましたから！
えっ
はあ
それは
どうも…
なるほど
だから私と
一緒に授業を！

本当に
いいタイミング
でした
えっ？
ぐっ
紺野さんとも
知り合えましたし……

あっ
駅に着きました
タタタ…
じゃあ、また来週！
では！

スタスタスタスタ…

紺野さんとも
知り合えましたし
……って……？

第5章

マルコフ連鎖モンテカルロ法

1. モンテカルロ積分

2. マルコフ連鎖

3. マルコフ連鎖モンテカルロ法

4. 自然な共役事前分布

来週の茜先生の
誕生日プレゼントは
何がいいかなぁ……
LOVOHM
うーん…
M&H
……!!
ザッ
Cafe Arai
CCU
山吹さん……!?
コソ…

……………
3F
2F
丸印良品
書店
じぃ…
OPEN
Cafe Arai
CCU
……あれは
どう見ても
彼女だよな……

1週間後

Memo Note
山ぶきさんと
仲良くなる
確率
Part 5
ベイズ統計学の
きっかけ
とっつきにくい
クールな感じ
シャオームが好き
本を一緒に探してくれた
意外と笑う
甘い物が好き
新しいことに挑戦しようとしている
彼女がいる
こないだの授業の
帰り際に言ったことは
どういう意味
だったのかな……
本当にいいタイミングでした
紺野さんとも
知り合えましたし
むう…
彼女が
いるのに……
それと
これとは関係
ないんだけど……
カリ
カリ
う～ん……
仲良くなる確率
現時点で…
5％
スッ
あ
紺野さん
今日もよろしく
お願いします

……山吹さん、
この間、牡丹町に
いませんでしたか？

えっ、あ、
い、いたかも
しれません
で、でも
どうして？

いえ
気にしないで
ください

こんにちは
それでは
授業を始めましょう！
コツ
コツ

あの
慌てよう
よっぽど
見られたくない
場面だったのかな……

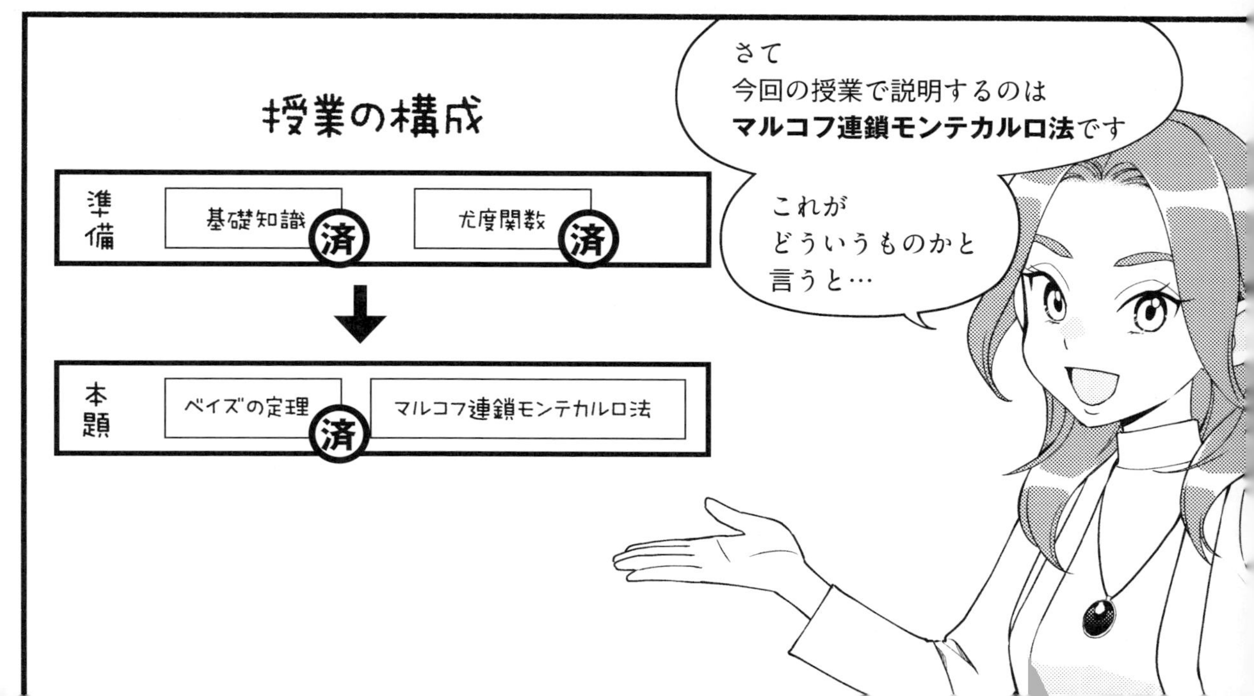
さて
今回の授業で説明するのは
マルコフ連鎖モンテカルロ法です
これが
どういうものかと
言うと…
授業の構成
準備
基礎知識 済
尤度関数 済
本題
ベイズの定理 済
マルコフ連鎖モンテカルロ法

マルコフ連鎖モンテカルロ法……
かっこいい名前ですね
マルコフ連鎖モンテカルロ法!!
ベイジアン・レッド
はは……
Markov Chain Monte Carlo Methods を
日本語に翻訳したものなんです
省略して「MCMC 法」と
呼ばれる場合もあります
ちなみにマルコフは人名です

おおまかに言って
マルコフ連鎖モンテカルロ法とは
マルコフ連鎖を利用して
乱数を生成する方法のことです
ただし私の授業では
このように定義します
ジャン
マルコフ連鎖モンテカルロ法とは、
あるΘの事後分布の乱数をマルコフ連鎖を利用して生成し、
Θの期待値などの近似値をモンテカルロ積分で求める
方法の総称である。

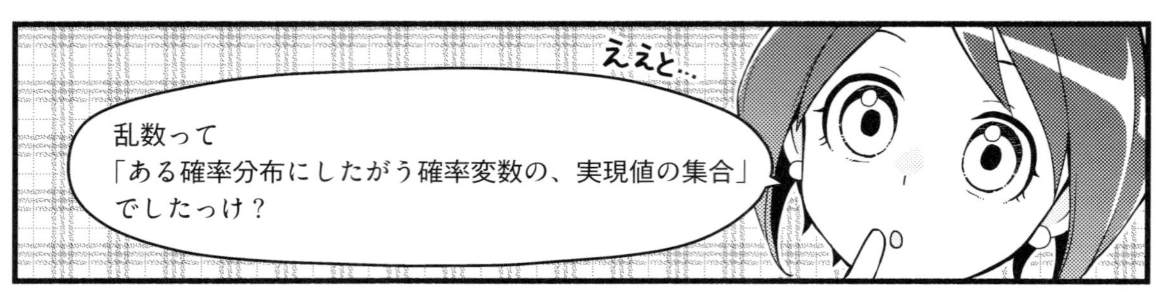
ええと…
乱数って
「ある確率分布にしたがう確率変数の、実現値の集合」
でしたっけ？

山吹さんから
紹介された本に
書いてありました
えへ
よく知ってる
じゃない！

マルコフ連鎖モンテカルロ法を
理解するためには
マルコフ連鎖とモンテカルロ積分の
知識が必要です
そこで、まず
モンテカルロ積分を説明し
↓
つぎに
マルコフ連鎖を説明し
↓
最後に
マルコフ連鎖モンテカルロ法を
あらためて説明します
はい

はい！
ドキ
ドキ
覚悟してくださいね
にっこり
しかも数式が
急激に増えます
今回の授業は
かなり長めです

1. モンテカルロ積分

1.1 モンテカルロ積分

モンテカルロ積分とは
乱数を用いて定積分の近似値を求める
方法のことです

例を示します

次のように仮定します。

- 区間 $[a, b]$ で定義された関数 $g(\theta)$ がある。
- 区間 $[a, b]$ で定義された確率密度関数 $\pi(\theta)$ に対応する確率分布に Θ はしたがう。この確率分布の 10000 個の乱数を ${}^{(1)}R$ と ${}^{(2)}R$ と…と ${}^{(10000)}R$ とする。
- 区間 $[a, b]$ を M 個に等分割するとともに、${}^{(1)}R$ から ${}^{(10000)}R$ までの乱数が各区間に属する個数は下表のとおりであるとする。なお、当然ながら、$k_1 + \cdots + k_M = 10000$ である。

	範囲	10000 個の乱数のうちでこの区間に属する個数
区間 1	$\left[a,\ a+\left(\frac{b-a}{M}\right)\right]$	k_1
⋮	⋮	⋮
区間 M	$\left[a+(M-1)\left(\frac{b-a}{M}\right),\ a+M\left(\frac{b-a}{M}\right)\right]$	k_M

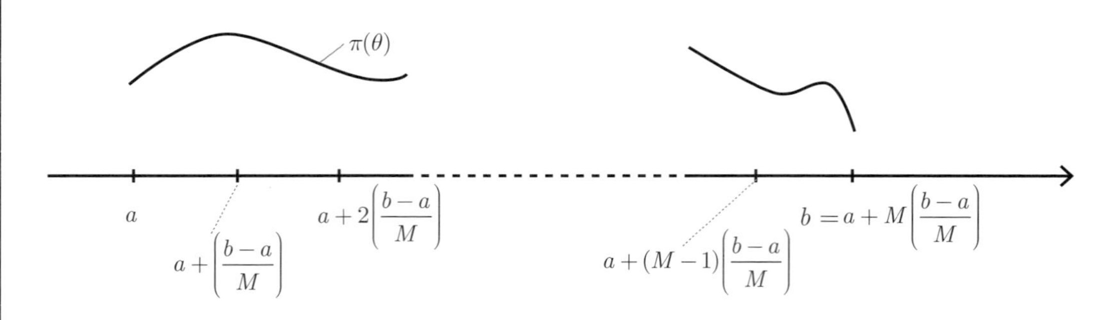

次の関係が成立することを確認しなさい。

$$\frac{g({}^{(1)}R) + \cdots + g({}^{(10000)}R)}{10000} \approx \int_a^b g(\theta)\pi(\theta)d\theta$$

解答

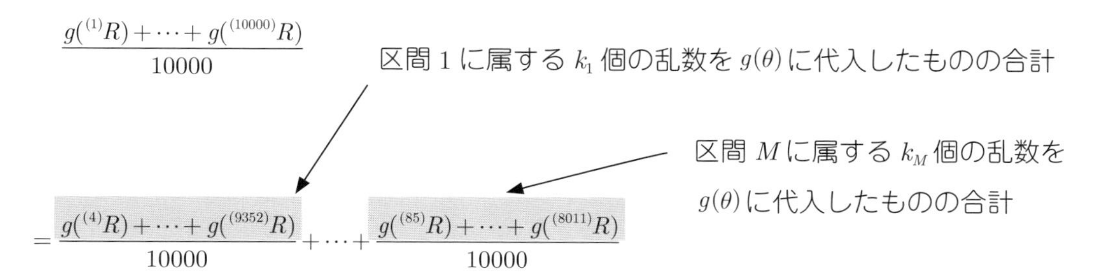

$$\frac{g({}^{(1)}R)+\cdots+g({}^{(10000)}R)}{10000}$$

$$=\frac{g({}^{(4)}R)+\cdots+g({}^{(9352)}R)}{10000}+\cdots+\frac{g({}^{(85)}R)+\cdots+g({}^{(8011)}R)}{10000}$$

たとえば、第 1 項の分子における ${}^{(4)}R$ や ${}^{(9352)}R$ などは区間 1 の下限値である a にほぼ等しい、そう解釈すると……

k_1 個の $g(a)$ の合計

k_M 個の $g\left(a+(M-1)\left(\frac{b-a}{M}\right)\right)$ の合計

$$\approx\frac{g(a)+\cdots+g(a)}{10000}+\cdots+\frac{g\left(a+(M-1)\left(\frac{b-a}{M}\right)\right)+\cdots+g\left(a+(M-1)\left(\frac{b-a}{M}\right)\right)}{10000}$$

$$=g(a)\times\frac{k_1}{10000}+\cdots+g\left(a+(M-1)\left(\frac{b-a}{M}\right)\right)\times\frac{k_M}{10000}$$

$$\approx g(a)\times\pi(a)\times\frac{b-a}{M}+\cdots+g\left(a+(M-1)\left(\frac{b-a}{M}\right)\right)\times\pi\left(a+(M-1)\left(\frac{b-a}{M}\right)\right)\times\frac{b-a}{M}$$

$$\approx\int_a^{a+\left(\frac{b-a}{M}\right)}g(\theta)\pi(\theta)d\theta+\cdots+\int_{a+(M-1)\left(\frac{b-a}{M}\right)}^{a+M\left(\frac{b-a}{M}\right)}g(\theta)\pi(\theta)d\theta$$

$$=\int_a^b g(\theta)\pi(\theta)d\theta$$

上式の、下から４行目から３行目にかけての流れがわかりづらいだろうと思います。次ページで説明します。

以下に記す、

・$\dfrac{k_1+\cdots+k_M}{10000}=\dfrac{k_1}{10000}+\dfrac{k_2}{10000}+\cdots+\dfrac{k_M}{10000}=1$

・$\displaystyle\int_a^b \pi(\theta)d\theta=\int_a^{a+\left(\frac{b-a}{M}\right)}\pi(\theta)d\theta+\int_{a+\left(\frac{b-a}{M}\right)}^{a+2\left(\frac{b-a}{M}\right)}\pi(\theta)d\theta+\cdots+\int_{a+(M-1)\left(\frac{b-a}{M}\right)}^{a+M\left(\frac{b-a}{M}\right)}\pi(\theta)d\theta=1$

という２つの式を比較すればわかるように、たとえば次の関係が成立しています。

$$
\begin{aligned}
\frac{k_1}{10000} &\approx P\left(a \leq \Theta \leq a+\left(\frac{b-a}{M}\right)\right)\\
&=\int_a^{a+\left(\frac{b-a}{M}\right)}\pi(\theta)d\theta\\
&\approx \pi(a)\times\frac{b-a}{M}
\end{aligned}
$$

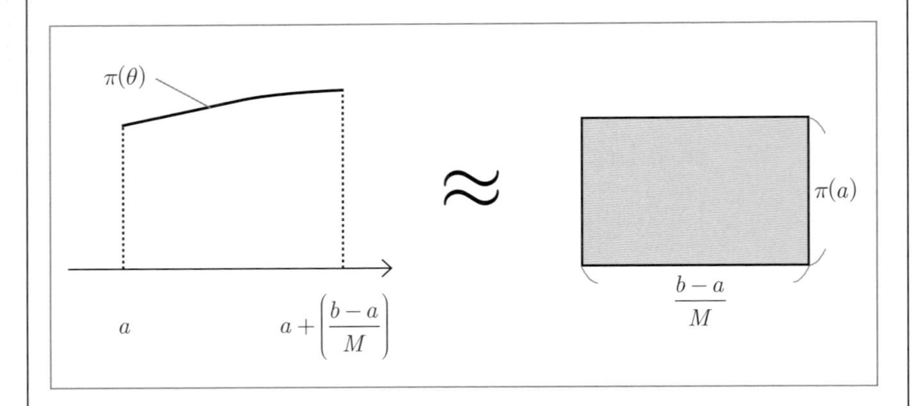

1.2　連続型の確率変数の期待値と分散

先ほど

$$\int_a^b g(\theta)\pi(\theta)d\theta \approx \frac{g(^{(1)}R)+\cdots+g(^{(10000)}R)}{10000}$$

の成立することを示しましたが

この関係は……

定義域 $[a,b]$ の

b が無限大で

a が無限小の場合にも

成立します

つまり

$$\int_{-\infty}^{\infty} g(\theta)\pi(\theta)d\theta \approx \frac{g(^{(1)}R)+\cdots+g(^{(10000)}R)}{10000}$$

が成立します

C に先ほどの
$E(\Theta) \approx \bar{R}$ という式を代入すると

$$\int_{-\infty}^{\infty} (\theta - E(\Theta))^2 \pi(\theta)d\theta \approx \frac{({}^{(1)}R - \bar{R})^2 + \cdots + ({}^{(10000)}R - \bar{R})^2}{10000}$$

ですね

$\int_{-\infty}^{\infty} (\theta - E(\Theta))^2 \pi(\theta)d\theta$ は
「Θ の**分散**」と呼ばれ
$V(\Theta)$ と表記されます

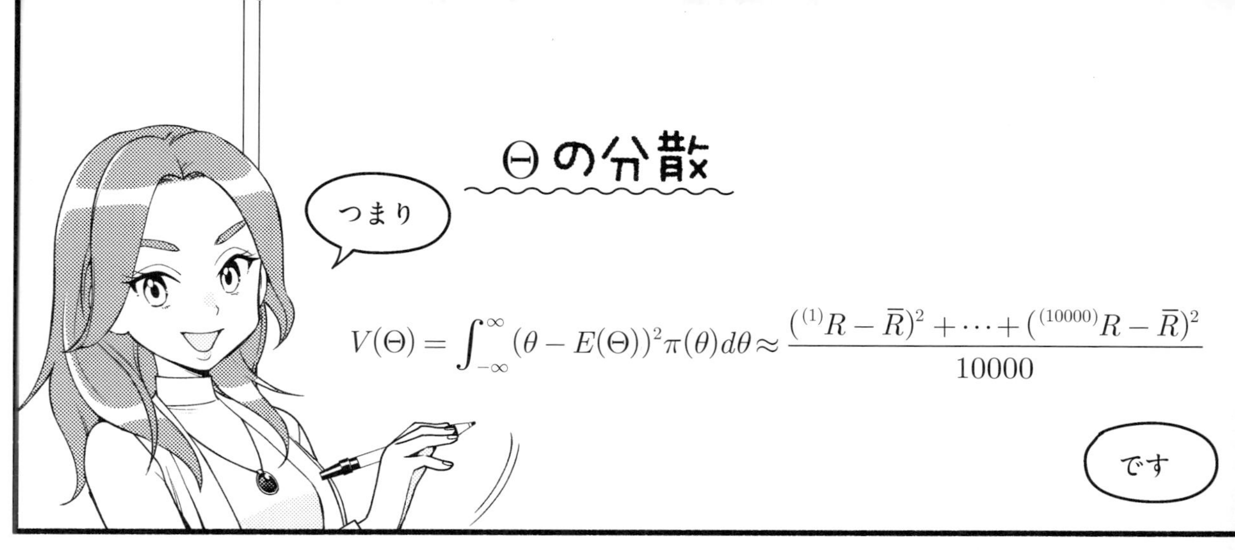
つまり
Θの分散
$V(\Theta)=\int_{-\infty}^{\infty}(\theta-E(\Theta))^2\pi(\theta)d\theta\approx\frac{({}^{(1)}R-\bar{R})^2+\cdots+({}^{(10000)}R-\bar{R})^2}{10000}$
です

あっ
最後の式の右側の $\frac{({}^{(1)}R-\bar{R})^2+\cdots+({}^{(10000)}R-\bar{R})^2}{10000}$ って
一般的な統計学で
勉強した分散だ！
たしかに

ここまでの
説明からわかるように
Θのしたがう確率分布における
夥しい個数の乱数があれば
定積分の計算をしなくても
Θの期待値と分散の
近似値を求められるのです

2. マルコフ連鎖

2.1　マルコフ連鎖

$$P({}^{(3)}\Theta = \mathrm{A} | {}^{(2)}\Theta = \mathrm{A},\ {}^{(1)}\Theta = \mathrm{A}) = P({}^{(3)}\Theta = \mathrm{A} | {}^{(2)}\Theta = \mathrm{A})$$

$$P({}^{(3)}\Theta = \mathrm{B} | {}^{(2)}\Theta = \mathrm{A},\ {}^{(1)}\Theta = \mathrm{A}) = P({}^{(3)}\Theta = \mathrm{B} | {}^{(2)}\Theta = \mathrm{A})$$

という関係が
成立しているわけです

ならば4回目のデートに
着てくるであろうシャツについて

$$P({}^{(4)}\Theta = \mathrm{A} | {}^{(3)}\Theta = \mathrm{B},\ {}^{(2)}\Theta = \mathrm{A},\ {}^{(1)}\Theta = \mathrm{A}) = P({}^{(4)}\Theta = \mathrm{A} | {}^{(3)}\Theta = \mathrm{B})$$

$$P({}^{(4)}\Theta = \mathrm{B} | {}^{(3)}\Theta = \mathrm{B},\ {}^{(2)}\Theta = \mathrm{A},\ {}^{(1)}\Theta = \mathrm{A}) = P({}^{(4)}\Theta = \mathrm{B} | {}^{(3)}\Theta = \mathrm{B})$$

という関係が
成立します

この例のように
時点 $t+1$ における条件付き確率に
影響を及ぼすのが時点 t のみ
という特徴を有する……

$${}^{(1)}\boldsymbol{\Theta},\ {}^{(2)}\boldsymbol{\Theta},\ {}^{(3)}\boldsymbol{\Theta},\ \cdots$$

2.2 不変分布

t 回目のデートで A を着たという前提のもと、$t+1$ 回目のデートで A を着る確率	$P({}^{(t+1)}\Theta=\mathrm{A}\vert{}^{(t)}\Theta=\mathrm{A})=0.9$
t 回目のデートで A を着たという前提のもと、$t+1$ 回目のデートで B を着る確率	$P({}^{(t+1)}\Theta=\mathrm{B}\vert{}^{(t)}\Theta=\mathrm{A})=0.1$
t 回目のデートで B を着たという前提のもと、$t+1$ 回目のデートで A を着る確率	$P({}^{(t+1)}\Theta=\mathrm{A}\vert{}^{(t)}\Theta=\mathrm{B})=0.4$
t 回目のデートで B を着たという前提のもと、$t+1$ 回目のデートで B を着る確率	$P({}^{(t+1)}\Theta=\mathrm{B}\vert{}^{(t)}\Theta=\mathrm{B})=0.6$

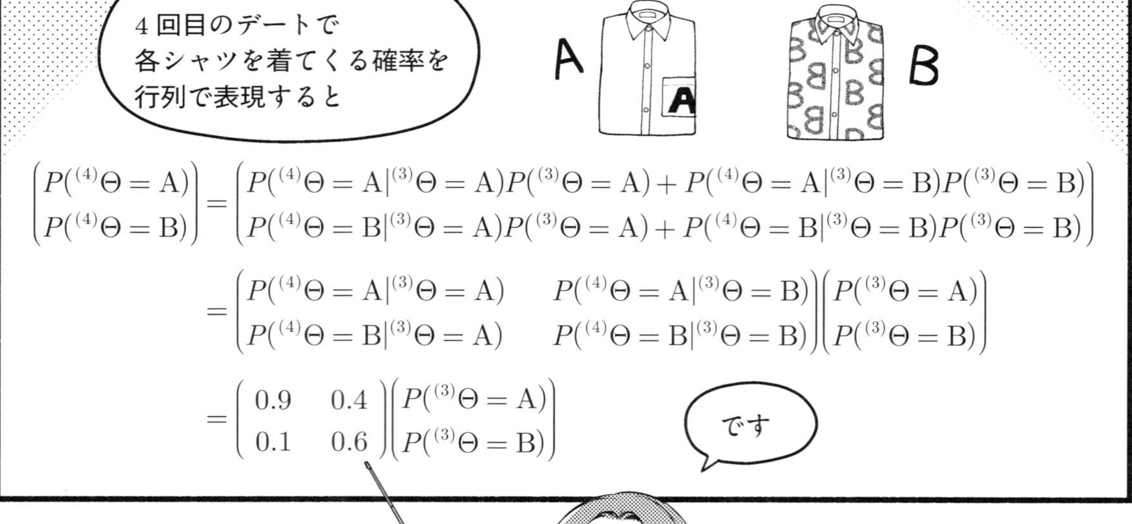

$$
\begin{pmatrix} P({}^{(4)}\Theta=\mathrm{A}) \\ P({}^{(4)}\Theta=\mathrm{B}) \end{pmatrix}
=\begin{pmatrix} P({}^{(4)}\Theta=\mathrm{A}|{}^{(3)}\Theta=\mathrm{A})P({}^{(3)}\Theta=\mathrm{A})+P({}^{(4)}\Theta=\mathrm{A}|{}^{(3)}\Theta=\mathrm{B})P({}^{(3)}\Theta=\mathrm{B}) \\ P({}^{(4)}\Theta=\mathrm{B}|{}^{(3)}\Theta=\mathrm{A})P({}^{(3)}\Theta=\mathrm{A})+P({}^{(4)}\Theta=\mathrm{B}|{}^{(3)}\Theta=\mathrm{B})P({}^{(3)}\Theta=\mathrm{B}) \end{pmatrix}
$$

$$
=\begin{pmatrix} P({}^{(4)}\Theta=\mathrm{A}|{}^{(3)}\Theta=\mathrm{A}) & P({}^{(4)}\Theta=\mathrm{A}|{}^{(3)}\Theta=\mathrm{B}) \\ P({}^{(4)}\Theta=\mathrm{B}|{}^{(3)}\Theta=\mathrm{A}) & P({}^{(4)}\Theta=\mathrm{B}|{}^{(3)}\Theta=\mathrm{B}) \end{pmatrix}\begin{pmatrix} P({}^{(3)}\Theta=\mathrm{A}) \\ P({}^{(3)}\Theta=\mathrm{B}) \end{pmatrix}
$$

$$
=\begin{pmatrix} 0.9 & 0.4 \\ 0.1 & 0.6 \end{pmatrix}\begin{pmatrix} P({}^{(3)}\Theta=\mathrm{A}) \\ P({}^{(3)}\Theta=\mathrm{B}) \end{pmatrix}
$$

$\begin{pmatrix} 0.9 & 0.4 \\ 0.1 & 0.6 \end{pmatrix}$ は

推移確率行列と呼ばれ

行列内の
それぞれの値は
推移確率と呼ばれます

5回目のデートで
各シャツを着てくる確率は
4回目と同様の計算をすればわかるように

$$\begin{pmatrix} P(^{(5)}\Theta = \mathrm{A}) \\ P(^{(5)}\Theta = \mathrm{B}) \end{pmatrix} = \begin{pmatrix} 0.9 & 0.4 \\ 0.1 & 0.6 \end{pmatrix} \begin{pmatrix} P(^{(4)}\Theta = \mathrm{A}) \\ P(^{(4)}\Theta = \mathrm{B}) \end{pmatrix}$$

$$= \begin{pmatrix} 0.9 & 0.4 \\ 0.1 & 0.6 \end{pmatrix} \left[\begin{pmatrix} 0.9 & 0.4 \\ 0.1 & 0.6 \end{pmatrix} \begin{pmatrix} P(^{(3)}\Theta = \mathrm{A}) \\ P(^{(3)}\Theta = \mathrm{B}) \end{pmatrix} \right]$$

$$= \begin{pmatrix} 0.9 & 0.4 \\ 0.1 & 0.6 \end{pmatrix}^2 \begin{pmatrix} P(^{(3)}\Theta = \mathrm{A}) \\ P(^{(3)}\Theta = \mathrm{B}) \end{pmatrix}$$

です

T回目のデートで
各シャツを着てくる確率は
ここまでの計算から想像できるように

$$\begin{pmatrix} P(^{(T)}\Theta = \mathrm{A}) \\ P(^{(T)}\Theta = \mathrm{B}) \end{pmatrix} = \begin{pmatrix} 0.9 & 0.4 \\ 0.1 & 0.6 \end{pmatrix} \begin{pmatrix} P(^{(T-1)}\Theta = \mathrm{A}) \\ P(^{(T-1)}\Theta = \mathrm{B}) \end{pmatrix}$$

$$= \begin{pmatrix} 0.9 & 0.4 \\ 0.1 & 0.6 \end{pmatrix}^{T-3} \begin{pmatrix} P(^{(3)}\Theta = \mathrm{A}) \\ P(^{(3)}\Theta = \mathrm{B}) \end{pmatrix}$$

です

さて推移確率行列の$(T-3)$乗である$\begin{pmatrix} 0.9 & 0.4 \\ 0.1 & 0.6 \end{pmatrix}^{T-3}$は

$$\begin{pmatrix} 0.9 & 0.4 \\ 0.1 & 0.6 \end{pmatrix}^{T-3} = \begin{pmatrix} 4 & 1 \\ 1 & -1 \end{pmatrix} \begin{pmatrix} 1^{T-3} & 0 \\ 0 & 0.5^{T-3} \end{pmatrix} \begin{pmatrix} 4 & 1 \\ 1 & -1 \end{pmatrix}^{-1}$$

と書き替えられるので

Tの値を大きくすると$\begin{pmatrix} 0.8 & 0.8 \\ 0.2 & 0.2 \end{pmatrix}$に行き着きます

※この書き替えについては、高橋信『マンガでわかる線形代数』（オーム社）の第８章などを参照してください。

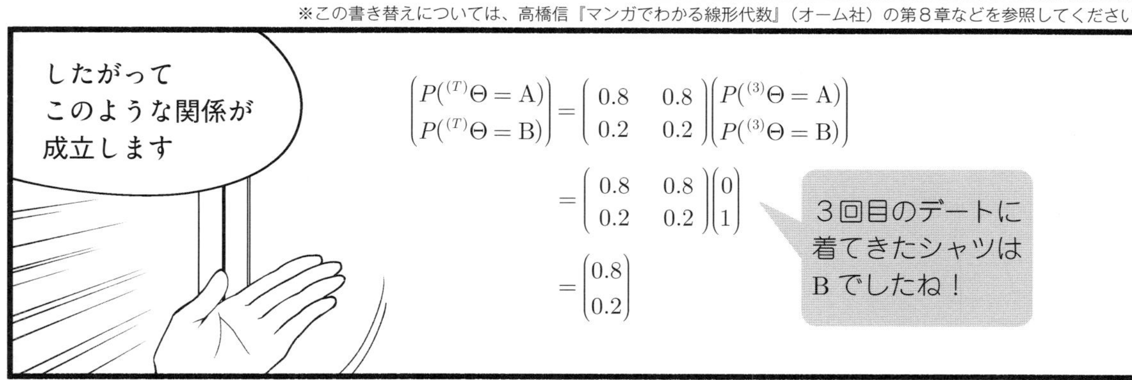

$$\begin{pmatrix} P(^{(T)}\Theta = \mathrm{A}) \\ P(^{(T)}\Theta = \mathrm{B}) \end{pmatrix} = \begin{pmatrix} 0.8 & 0.8 \\ 0.2 & 0.2 \end{pmatrix} \begin{pmatrix} P(^{(3)}\Theta = \mathrm{A}) \\ P(^{(3)}\Theta = \mathrm{B}) \end{pmatrix}$$

$$= \begin{pmatrix} 0.8 & 0.8 \\ 0.2 & 0.2 \end{pmatrix} \begin{pmatrix} 0 \\ 1 \end{pmatrix}$$

$$= \begin{pmatrix} 0.8 \\ 0.2 \end{pmatrix}$$

しかも

$$\begin{pmatrix} P({}^{(T+1)}\Theta = \mathrm{A}) \\ P({}^{(T+1)}\Theta = \mathrm{B}) \end{pmatrix} = \begin{pmatrix} P({}^{(T+1)}\Theta = \mathrm{A} | {}^{(T)}\Theta = \mathrm{A}) & P({}^{(T+1)}\Theta = \mathrm{A} | {}^{(T)}\Theta = \mathrm{B}) \\ P({}^{(T+1)}\Theta = \mathrm{B} | {}^{(T)}\Theta = \mathrm{A}) & P({}^{(T+1)}\Theta = \mathrm{B} | {}^{(T)}\Theta = \mathrm{B}) \end{pmatrix} \begin{pmatrix} P({}^{(T)}\Theta = \mathrm{A}) \\ P({}^{(T)}\Theta = \mathrm{B}) \end{pmatrix}$$

$$= \begin{pmatrix} 0.9 & 0.4 \\ 0.1 & 0.6 \end{pmatrix} \begin{pmatrix} 0.8 \\ 0.2 \end{pmatrix}$$

$$= \begin{pmatrix} 0.9 \times 0.8 + 0.4 \times 0.2 \\ 0.1 \times 0.8 + 0.6 \times 0.2 \end{pmatrix}$$

$$= \begin{pmatrix} 0.8 \\ 0.2 \end{pmatrix}$$

$$= \begin{pmatrix} P({}^{(T)}\Theta = \mathrm{A}) \\ P({}^{(T)}\Theta = \mathrm{B}) \end{pmatrix}$$

という関係も
成立します

この
もはや変動しない

${}^{(T)}\Theta$	A	B
$P({}^{(T)}\Theta)$	0.8	0.2

という行き着いた確率分布は

「${}^{(1)}\Theta, {}^{(2)}\Theta, {}^{(3)}\Theta, \cdots$ というマルコフ連鎖の**不変分布**」と呼ばれます。

定常分布とも呼ばれます

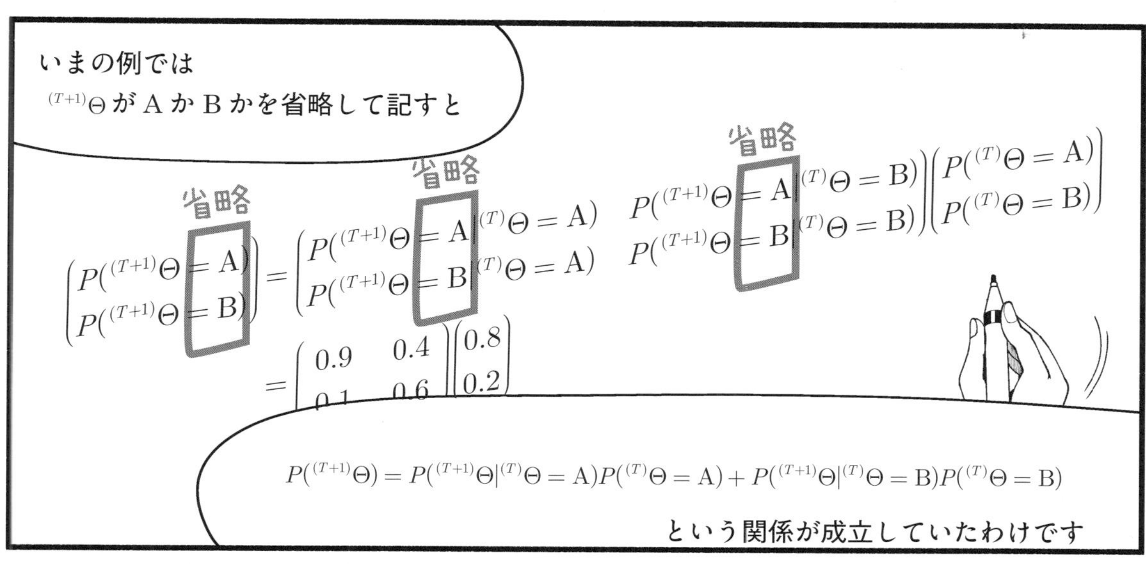

いまの例では
${}^{(T+1)}\Theta$がAかBかを省略して記すと
省略
省略
省略
$$\begin{pmatrix} P({}^{(T+1)}\Theta=\mathrm{A}) \\ P({}^{(T+1)}\Theta=\mathrm{B}) \end{pmatrix} = \begin{pmatrix} P({}^{(T+1)}\Theta=\mathrm{A}|{}^{(T)}\Theta=\mathrm{A}) & P({}^{(T+1)}\Theta=\mathrm{A}|{}^{(T)}\Theta=\mathrm{B}) \\ P({}^{(T+1)}\Theta=\mathrm{B}|{}^{(T)}\Theta=\mathrm{A}) & P({}^{(T+1)}\Theta=\mathrm{B}|{}^{(T)}\Theta=\mathrm{B}) \end{pmatrix} \begin{pmatrix} P({}^{(T)}\Theta=\mathrm{A}) \\ P({}^{(T)}\Theta=\mathrm{B}) \end{pmatrix}$$
$$= \begin{pmatrix} 0.9 & 0.4 \\ 0.1 & 0.6 \end{pmatrix} \begin{pmatrix} 0.8 \\ 0.2 \end{pmatrix}$$
$$P({}^{(T+1)}\Theta) = P({}^{(T+1)}\Theta|{}^{(T)}\Theta=\mathrm{A})P({}^{(T)}\Theta=\mathrm{A}) + P({}^{(T+1)}\Theta|{}^{(T)}\Theta=\mathrm{B})P({}^{(T)}\Theta=\mathrm{B})$$
という関係が成立していたわけです

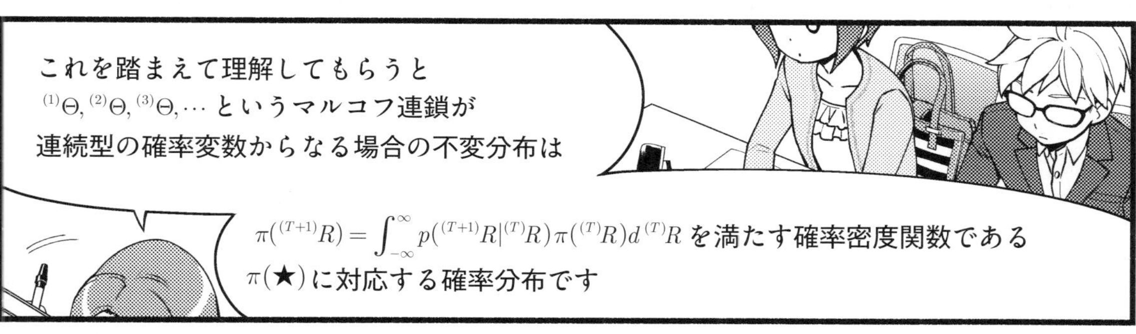

これを踏まえて理解してもらうと
${}^{(1)}\Theta, {}^{(2)}\Theta, {}^{(3)}\Theta, \cdots$ というマルコフ連鎖が
連続型の確率変数からなる場合の不変分布は
$\pi({}^{(T+1)}R) = \int_{-\infty}^{\infty} p({}^{(T+1)}R|{}^{(T)}R)\pi({}^{(T)}R)d\,{}^{(T)}R$ を満たす確率密度関数である
$\pi(\bigstar)$に対応する確率分布です

ちなみに式中の $p({}^{(T+1)}R|{}^{(T)}R)$ は
${}^{(T)}\Theta = {}^{(T)}R$ から ${}^{(T+1)}\Theta = {}^{(T+1)}R$ へと
推移する確率である（と見做せる）
推移核と呼ばれるものです
$$\pi({}^{(T+1)}R) = \int_{-\infty}^{\infty} p({}^{(T+1)}R|{}^{(T)}R)\pi({}^{(T)}R)d\,{}^{(T)}R$$
推移核

3. マルコフ連鎖モンテカルロ法

3.1 マルコフ連鎖モンテカルロ法

あらかじめ定義されていた
推移確率に基づいて
計算を繰り返したら……

↓

${}^{(1)}\Theta, {}^{(2)}\Theta, {}^{(3)}\Theta, \cdots$
というマルコフ連鎖の
不変分布の存在と
その具体的な姿が
判明した！

$$\begin{pmatrix} P({}^{(t+1)}\Theta = \mathrm{A}|{}^{(t)}\Theta = \mathrm{A}) & P({}^{(t+1)}\Theta = \mathrm{A}|{}^{(t)}\Theta = \mathrm{B}) \\ P({}^{(t+1)}\Theta = \mathrm{B}|{}^{(t)}\Theta = \mathrm{A}) & P({}^{(t+1)}\Theta = \mathrm{B}|{}^{(t)}\Theta = \mathrm{B}) \end{pmatrix} = \begin{pmatrix} 0.9 & 0.4 \\ 0.1 & 0.6 \end{pmatrix}$$

という法則に基づいてデートを繰り返したら……

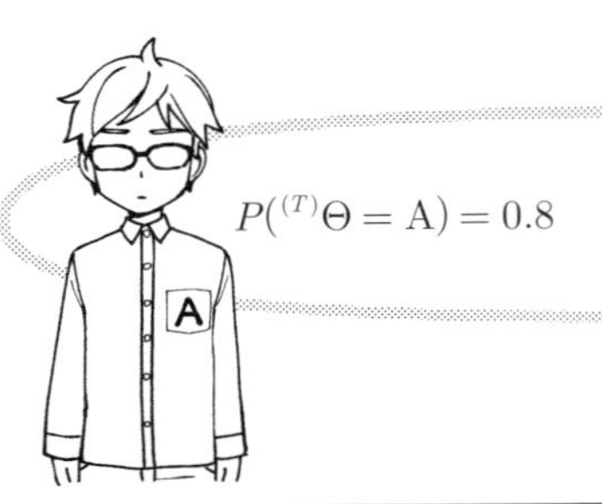

$P({}^{(T)}\Theta = \mathrm{A}) = 0.8$

$P({}^{(T)}\Theta = \mathrm{B}) = 0.2$

…なのが判明した！

という流れでした

その流れが
反対向きであるとでも
言えばいいのでしょうか

マルコフ連鎖モンテカルロ法の
世界では……

${}^{(1)}\Theta, {}^{(2)}\Theta, {}^{(3)}\Theta, \cdots$ というマルコフ連鎖の不変分布は存在し、
その具体的な姿は、ある Θ の事後分布である。

↓

という結論に至る推移核 $p({}^{(t+1)}R|{}^{(t)}R)$ を編み出そう！

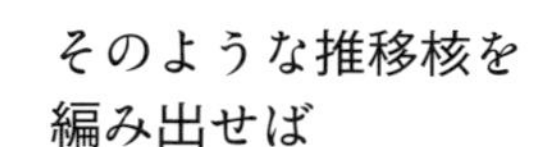

- ${}^{(T+1)}\Theta$ の確率分布は、ある Θ の事後分布に等しい
- ${}^{(T+2)}\Theta$ の確率分布は、ある Θ の事後分布に等しい

⋮

- ${}^{(T+\tau)}\Theta$ の確率分布は、ある Θ の事後分布に等しい

と言えますし

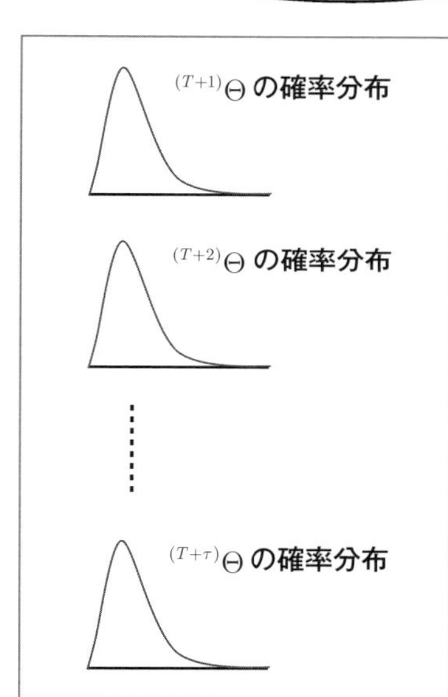

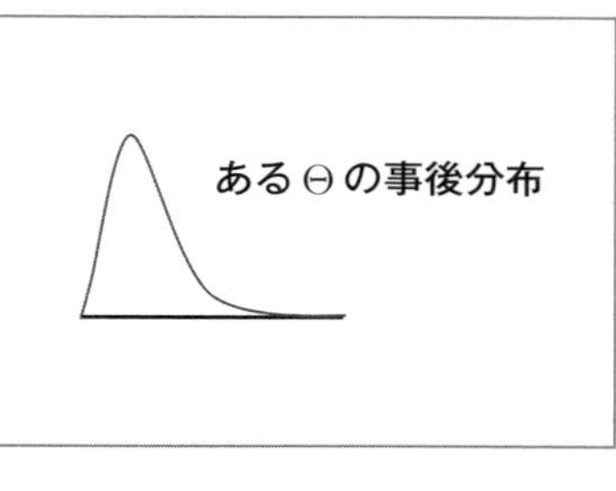

したがって
${}^{(T+1)}\Theta$ と ${}^{(T+2)}\Theta$ と…と ${}^{(T+\tau)}\Theta$ の実現値からなる集合は、ある Θ の事後分布の
τ 個の乱数であると言えるからです

$$E(\Theta \mid x) = \int_{-\infty}^{\infty} \theta \pi(\theta|x) d\theta \approx \frac{{}^{(T+1)}R + \cdots + {}^{(T+\tau)}R}{\tau} = \bar{R}$$

$$V(\Theta \mid x) = \int_{-\infty}^{\infty} (\theta - E(\Theta \mid x))^2 \pi(\theta|x) d\theta \approx \frac{({}^{(T+1)}R - \bar{R})^2 + \cdots + ({}^{(T+\tau)}R - \bar{R})^2}{\tau}$$

それで
どのような推移核を編み出せば
「${}^{(1)}\Theta, {}^{(2)}\Theta, \cdots$というマルコフ連鎖の不変分布＝ある$\Theta$の事後分布」
が成立するんですか？

ともあれ
今回の授業の冒頭で示した

マルコフ連鎖モンテカルロ法とは、
あるΘの事後分布の乱数をマルコフ連鎖を利用して生成し、
Θの期待値などの近似値をモンテカルロ積分で求める
方法の総称である。

という意味は
わかりましたか？

3.2　メトロポリス・ヘイスティングスアルゴリズム

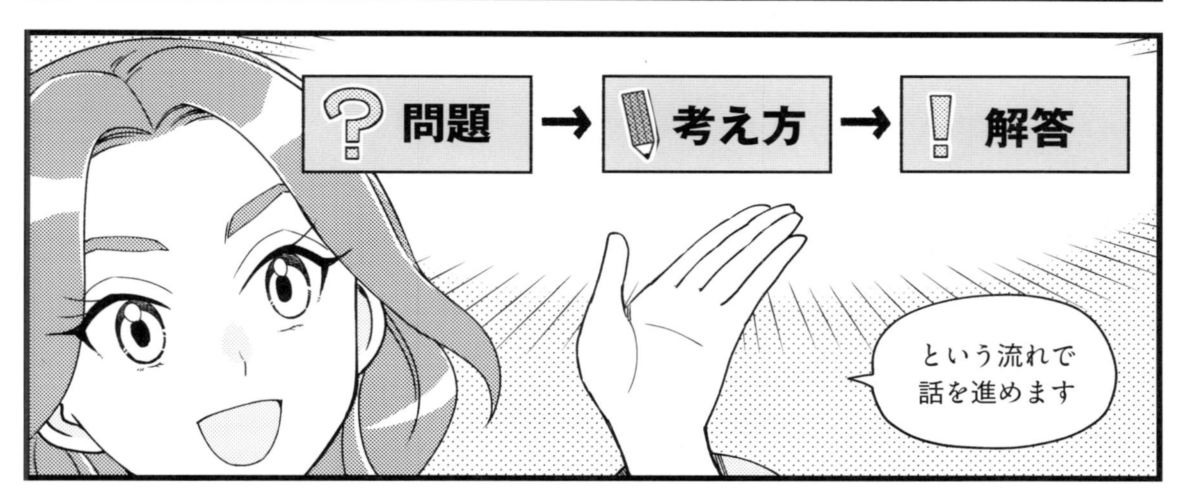

問題

νが9であり、中心が0でなく -16 である t分布にXはしたがうとします。つまりXの確率密度関数が次のものであるとします。

$$f(x) = \frac{\Gamma\left(\frac{9+1}{2}\right)}{\sqrt{9\pi}\Gamma\left(\frac{9}{2}\right)}\left(\frac{1}{1+\frac{(x-(-16))^2}{9}}\right)^{\frac{9+1}{2}}$$

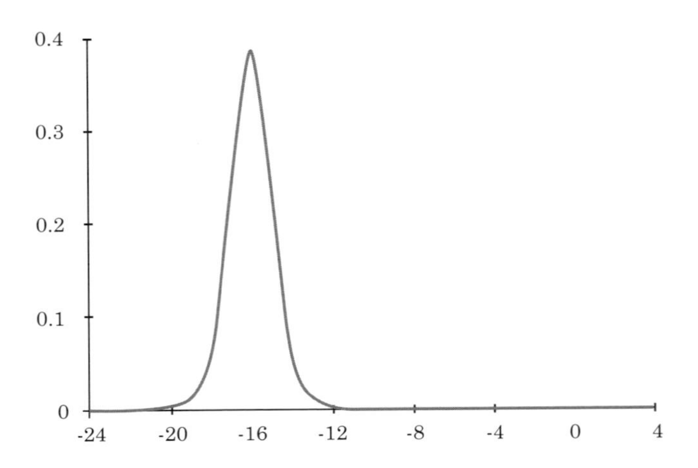

この t 分布の 15 個の乱数を記したのが下表です。

乱数 1	−17.295
乱数 2	−16.724
乱数 3	−18.459
乱数 4	−16.689
乱数 5	−15.696
乱数 6	−15.289
乱数 7	−14.254
乱数 8	−15.180

乱数 9	−14.399
乱数 10	−19.116
乱数 11	−17.142
乱数 12	−17.379
乱数 13	−16.195
乱数 14	−15.179
乱数 15	−15.009
平均	−16.267

あなたは、ν が 9 である t 分布からこれらの乱数が得られたのは知っているものの、中心が -16 であるという真実は知らないものとします。次式における Θ の推定値をマルコフ連鎖モンテカルロ法で求めなさい。

$$f(x \mid \Theta) = \frac{\Gamma\left(\frac{9+1}{2}\right)}{\sqrt{9\pi}\,\Gamma\left(\frac{9}{2}\right)}\left(\frac{1}{1+\frac{(x-\Theta)^2}{9}}\right)^{\frac{9+1}{2}}$$

考え方

■解答を得るまでのおおまかな流れ

推定値を求めるべきΘは定数でなく確率変数であるとベイズ統計学では解釈します。つまりこの具体例における解答は、

- **Θの値がa以上b以下である主観確率は0.95である。**
- **Θの期待値は▲▲である。**

といったものになります。

解答を導くにあたって用いる方法は、マルコフ連鎖モンテカルロ法のひとつである、**メトロポリス・ヘイスティングスアルゴリズム**です。名前が長いので今後は**MHアルゴリズム**と表記します。ちなみに「メトロポリス」と「ヘイスティングス」のいずれも人名です。

MHアルゴリズムの流れは、詳しくは後述する解答で示しますけれども、先におおまかに言えば、次のとおりです。

① **Θは確率変数なのであるから、一様分布とか正規分布とか逆ガンマ分布といった何かしらの確率分布にしたがう、そう仮定する。**

② **Θの事前確率密度関数である$\pi(\theta)$を定義し、ベイズの定理から、Θの事後確率密度関数である$\pi(\theta | x_1, \cdots, x_n)$を求める。なおこの具体例では$n=15$である。**

③ **「Θの確率密度関数が、$x_1, \cdots, x_n$の情報が含まれている尤度関数$f(x_1, \cdots, x_n|\theta)$をかけた結果、$\pi(\theta)$から$\pi(\theta | x_1, \cdots, x_n)$に変身した！」と解釈する。要するに「$\Theta$のしたがう確率分布が、事前分布から事後分布に変身した！」と解釈する。**

④ **MHアルゴリズムによって、Θの事後分布の乱数を、つまりΘの事後確率密度関数である$\pi(\theta | x_1, \cdots, x_n)$に対応する確率分布の乱数を生成する。生成された乱数から、モンテカルロ積分によって、Θの推定値を求める。**

■詳細釣り合い条件

138ページのななみの質問である、どのような推移核を編み出せば「${}^{(1)}\Theta, {}^{(2)}\Theta, \cdots$というマルコフ連鎖の不変分布＝ある$\Theta$の事後分布」が成立するのかについて回答します。

$\pi(\theta \mid x_1, \cdots, x_n)$は、ある$\Theta$の事後確率密度関数であるとします。$p({}^{(t+1)}R \mid {}^{(t)}R)$は、${}^{(t)}\Theta = {}^{(t)}R$から${}^{(t+1)}\Theta = {}^{(t+1)}R$へと推移する確率である（と見做せる）、推移核であるとします。

詳細釣り合い条件や**詳細平衡条件**や**可逆性条件**などと呼ばれる、

$$p({}^{(t)}R \mid {}^{(t+1)}R)\pi({}^{(t+1)}R \mid x_1, \cdots, x_n) = p({}^{(t+1)}R \mid {}^{(t)}R)\pi({}^{(t)}R \mid x_1, \cdots, x_n)$$

という関係がもし成立するのであれば、$-\infty$から∞までの定積分である、

$$\int_{-\infty}^{\infty} p({}^{(t)}R \mid {}^{(t+1)}R)\pi({}^{(t+1)}R \mid x_1, \cdots, x_n)d\,{}^{(t)}R = \int_{-\infty}^{\infty} p({}^{(t+1)}R \mid {}^{(t)}R)\pi({}^{(t)}R \mid x_1, \cdots, x_n)d\,{}^{(t)}R$$

という関係も当然ながら成立します。上式の左辺を整理すると、

$$\begin{aligned}
&\int_{-\infty}^{\infty} p({}^{(t)}R \mid {}^{(t+1)}R)\pi({}^{(t+1)}R \mid x_1, \cdots, x_n)d\,{}^{(t)}R \\
&= \pi({}^{(t+1)}R \mid x_1, \cdots, x_n) \times \int_{-\infty}^{\infty} p({}^{(t)}R \mid {}^{(t+1)}R)\, d\,{}^{(t)}R \\
&= \pi({}^{(t+1)}R \mid x_1, \cdots, x_n) \times 1 \\
&= \pi({}^{(t+1)}R \mid x_1, \cdots, x_n)
\end{aligned}$$

です。話を整理すると、詳細釣り合い条件が成立すれば、

$$\pi({}^{(t+1)}R \mid x_1, \cdots, x_n) = \int_{-\infty}^{\infty} p({}^{(t+1)}R \mid {}^{(t)}R)\pi({}^{(t)}R \mid x_1, \cdots, x_n)d\,{}^{(t)}R$$

という関係が成立します。

詳細釣り合い条件が成立するとともにtの値がそれなりに大きければ、前段落の最後の式と135ページの第2コマの式とを比較すればわかるように、

- **あるΘの事後確率密度関数**
- **${}^{(1)}\Theta, {}^{(2)}\Theta, \cdots$というマルコフ連鎖の不変分布に対応する確率密度関数**

という2つは一致します。したがってななみに対する回答は、詳細釣り合い条件が成立する推移核を編み出せば「${}^{(1)}\Theta, {}^{(2)}\Theta, \cdots$ というマルコフ連鎖の不変分布＝あるΘの事後分布」が成立する、です。

■推移核

MHアルゴリズムでは、詳細釣り合い条件が満たされるように、推移核に次の３つの制約を課します。

説明の都合上、推移核を $p({}^{(t+1)}R \mid {}^{(t)}R)$ でなく $p(\tilde{R} \mid {}^{(t)}R)$ と表現することにします。

制約 1

$p(\tilde{R} \mid {}^{(t)}R)$ を、

- ${}^{(t)}\Theta = {}^{(t)}R$ **の推移先として** ${}^{(t+1)}\Theta = \tilde{R}$ **が提案される確率である（と見做せる）**、$q(\tilde{R} \mid {}^{(t)}R)$
- ${}^{(t)}\Theta = {}^{(t)}R$ **の推移先として実際に** ${}^{(t+1)}\Theta = \tilde{R}$ **を採用する確率である（と見做せる）**、$\alpha(\tilde{R} \mid {}^{(t)}R)$

をかけたものである、

$$p(\tilde{R} \mid {}^{(t)}R) = q(\tilde{R} \mid {}^{(t)}R)\alpha(\tilde{R} \mid {}^{(t)}R)$$

と定義する。同様に $p({}^{(t)}R \mid \tilde{R})$ を、

$$p({}^{(t)}R \mid \tilde{R}) = q({}^{(t)}R \mid \tilde{R})\alpha({}^{(t)}R \mid \tilde{R})$$

と定義する[注]。つまり詳細釣り合い条件を、

$$q(\tilde{R} \mid {}^{(t)}R)\alpha(\tilde{R} \mid {}^{(t)}R)\pi({}^{(t)}R \mid x_1, \cdots, x_n) = q({}^{(t)}R \mid \tilde{R})\alpha({}^{(t)}R \mid \tilde{R})\pi(\tilde{R} \mid x_1, \cdots, x_n)$$

と定義する。なお式中の $q(\bigstar \mid \blacktriangle)$ を本書では**提案確率密度関数**と呼ぶことにする。

提案確率密度関数に対応する確率分布は**提案分布**と一般的に呼ばれる。提案分布には、乱数の生成が容易なものを充てる。

注　$p(\tilde{R} \mid {}^{(t)}R)$は「${}^{(t)}\Theta = {}^{(t)}R$から ${}^{(t+1)}\Theta = \tilde{R}$へと推移するかどうか」に関係するものであり、$p({}^{(t)}R \mid \tilde{R})$ は「${}^{(t)}\Theta = \tilde{R}$ から${}^{(t+1)}\Theta = {}^{(t)}R$へと推移するかどうか」に関係するものです。後者の意味が、言わば“ねじれた関係”である ${}^{(t+1)}\Theta = {}^{(t)}R$のせいでわかりづらいかもしれません。こうしてください。$\tilde{R}$ と ${}^{(t)}R$ は実現値なのですから、$\begin{cases} \tilde{R} = -1.7 \\ {}^{(t)}R = 4.9 \end{cases}$ といった具体的な数値を仮定するのです。そうすればわかるはずです。

 # 制約 2

$\alpha({}^{(t)}R\,|\,\tilde{R})=1$ と定義する。つまり詳細釣り合い条件を次のように書き替える。

$$q(\tilde{R}\,|\,{}^{(t)}R)\alpha(\tilde{R}\,|\,{}^{(t)}R)\pi({}^{(t)}R\,|\,x_1,\cdots,x_n)=q({}^{(t)}R\,|\,\tilde{R})\times 1\times\pi(\tilde{R}\,|\,x_1,\cdots,x_n)$$

$$\alpha(\tilde{R}\,|\,{}^{(t)}R)=\frac{q({}^{(t)}R\,|\,\tilde{R})\pi(\tilde{R}\,|\,x_1,\cdots,x_n)}{q(\tilde{R}\,|\,{}^{(t)}R)\pi({}^{(t)}R\,|\,x_1,\cdots,x_n)}$$

 # 制約 3

「${}^{(t)}\Theta={}^{(t)}R$ の推移先として実際に ${}^{(t+1)}\Theta=\tilde{R}$ を採用する確率」と見做せるのだから、$\alpha(\tilde{R}\,|\,{}^{(t)}R)$ のとりうる値は 0 以上 1 以下である。それと制約 2 を踏まえ、$\alpha(\tilde{R}\,|\,{}^{(t)}R)$ の値を次のように定義する。

$$\alpha\left(\tilde{R}\,|\,{}^{(t)}R\right)=\begin{cases}\dfrac{q({}^{(t)}R\,|\,\tilde{R})\pi(\tilde{R}\,|\,x_1,\cdots,x_n)}{q(\tilde{R}\,|\,{}^{(t)}R)\pi({}^{(t)}R\,|\,x_1,\cdots,x_n)}\geq 1 \text{ の場合は } & 1\\[2ex] \dfrac{q({}^{(t)}R\,|\,\tilde{R})\pi(\tilde{R}\,|\,x_1,\cdots,x_n)}{q(\tilde{R}\,|\,{}^{(t)}R)\pi({}^{(t)}R\,|\,x_1,\cdots,x_n)}<1 \text{ の場合は } & \dfrac{q({}^{(t)}R\,|\,\tilde{R})\pi(\tilde{R}\,|\,x_1,\cdots,x_n)}{q(\tilde{R}\,|\,{}^{(t)}R)\pi({}^{(t)}R\,|\,x_1,\cdots,x_n)}\end{cases}$$

$$=\min\left\{\ 1,\frac{q({}^{(t)}R\,|\,\tilde{R})\pi(\tilde{R}\,|\,x_1,\cdots,x_n)}{q(\tilde{R}\,|\,{}^{(t)}R)\pi({}^{(t)}R\,|\,x_1,\cdots,x_n)}\ \right\}$$

要するに、こういうことです。

- $\dfrac{q({}^{(t)}R \mid \tilde{R})\pi(\tilde{R} \mid x_1, \cdots, x_n)}{q(\tilde{R} \mid {}^{(t)}R)\pi({}^{(t)}R \mid x_1, \cdots, x_n)} \geq 1$ であったなら、${}^{(t)}R$ から $\tilde{R}$ へと必ず推移させる。

- $\dfrac{q({}^{(t)}R \mid \tilde{R})\pi(\tilde{R} \mid x_1, \cdots, x_n)}{q(\tilde{R} \mid {}^{(t)}R)\pi({}^{(t)}R \mid x_1, \cdots, x_n)} < 1$ であったなら、

  確率 $\dfrac{q({}^{(t)}R \mid \tilde{R})\pi(\tilde{R} \mid x_1, \cdots, x_n)}{q(\tilde{R} \mid {}^{(t)}R)\pi({}^{(t)}R \mid x_1, \cdots, x_n)}$ で ${}^{(t)}R$ から $\tilde{R}$ へと推移させ、

  確率 $\left(1 - \dfrac{q({}^{(t)}R \mid \tilde{R})\pi(\tilde{R} \mid x_1, \cdots, x_n)}{q(\tilde{R} \mid {}^{(t)}R)\pi({}^{(t)}R \mid x_1, \cdots, x_n)}\right)$ で ${}^{(t)}R$ に留める。

以下に記す計算から、MH アルゴリズムでは詳細釣り合い条件が満たされていることがわかります。

$$
\begin{aligned}
& p(\tilde{R} \mid {}^{(t)}R)\pi({}^{(t)}R \mid x_1, \cdots, x_n) \\
&= q(\tilde{R} \mid {}^{(t)}R)\alpha(\tilde{R} \mid {}^{(t)}R)\pi({}^{(t)}R \mid x_1, \cdots, x_n) \\
&= q(\tilde{R} \mid {}^{(t)}R) \times \min\left\{1,\ \frac{q({}^{(t)}R \mid \tilde{R})\pi(\tilde{R} \mid x_1, \cdots, x_n)}{q(\tilde{R} \mid {}^{(t)}R)\pi({}^{(t)}R \mid x_1, \cdots, x_n)}\right\} \times \pi({}^{(t)}R \mid x_1, \cdots, x_n) \\
&= \min\left\{q(\tilde{R} \mid {}^{(t)}R)\pi({}^{(t)}R \mid x_1, \cdots, x_n),\ \ q({}^{(t)}R \mid \tilde{R})\pi(\tilde{R} \mid x_1, \cdots, x_n)\right\} \\
&= q({}^{(t)}R \mid \tilde{R}) \times \min\left\{\frac{q(\tilde{R} \mid {}^{(t)}R)\pi({}^{(t)}R \mid x_1, \cdots, x_n)}{q({}^{(t)}R \mid \tilde{R})\pi(\tilde{R} \mid x_1, \cdots, x_n)},\ 1\right\} \times \pi(\tilde{R} \mid x_1, \cdots, x_n) \\
&= q({}^{(t)}R \mid \tilde{R})\alpha({}^{(t)}R \mid \tilde{R})\pi(\tilde{R} \mid x_1, \cdots, x_n) \\
&= p({}^{(t)}R \mid \tilde{R})\pi(\tilde{R} \mid x_1, \cdots, x_n)
\end{aligned}
$$

■**提案分布**

提案分布の候補のひとつに**酔歩連鎖**があります。これは、

$$q(\tilde{R} \mid {}^{(t)}R) = \frac{1}{\sqrt{2\pi}d} \exp\left(-\frac{(\tilde{R} - {}^{(t)}R)^2}{2d^2}\right)$$

というものです。つまり、

$$\begin{aligned} q(\tilde{R} \mid {}^{(t)}R) &= \frac{1}{\sqrt{2\pi}d} \exp\left(-\frac{(\tilde{R} - {}^{(t)}R)^2}{2d^2}\right) \\ &= \frac{1}{\sqrt{2\pi}d} \exp\left(-\frac{({}^{(t)}R - \tilde{R})^2}{2d^2}\right) \\ &= q({}^{(t)}R \mid \tilde{R}) \end{aligned}$$

というものです。これを適用して今回の具体例に取り組みます。なお d は、説明の都合上ここでは文字で表記していますけれども、実際には分析者が具体的な値を設定します。

いま述べた $q(\tilde{R} \mid {}^{(t)}R) = q({}^{(t)}R \mid \tilde{R})$ という関係からわかるように、144 ページで述べた $\alpha(\tilde{R} \mid {}^{(t)}R)$ は、酔歩連鎖に則った MH アルゴリズムでは次のように変化します。

$$\alpha(\tilde{R} \mid {}^{(t)}R) = \begin{cases} \dfrac{q({}^{(t)}R \mid \tilde{R})\pi(\tilde{R} \mid x_1, \cdots, x_n)}{q(\tilde{R} \mid {}^{(t)}R)\pi({}^{(t)}R \mid x_1, \cdots, x_n)} = \dfrac{\pi(\tilde{R} \mid x_1, \cdots, x_n)}{\pi({}^{(t)}R \mid x_1, \cdots, x_n)} \geq 1 \text{ の場合は } & 1 \\ \dfrac{q({}^{(t)}R \mid \tilde{R})\pi(\tilde{R} \mid x_1, \cdots, x_n)}{q(\tilde{R} \mid {}^{(t)}R)\pi({}^{(t)}R \mid x_1, \cdots, x_n)} = \dfrac{\pi(\tilde{R} \mid x_1, \cdots, x_n)}{\pi({}^{(t)}R \mid x_1, \cdots, x_n)} < 1 \text{ の場合は } & \dfrac{\pi(\tilde{R} \mid x_1, \cdots, x_n)}{\pi({}^{(t)}R \mid x_1, \cdots, x_n)} \end{cases}$$

要するに、こういうことです。

- $\dfrac{\pi(\tilde{R}\,|\,x_1,\cdots,x_n)}{\pi({}^{(t)}R\,|\,x_1,\cdots,x_n)} \geq 1$ であったなら、${}^{(t)}R$ から $\tilde{R}$ へと必ず推移させる。

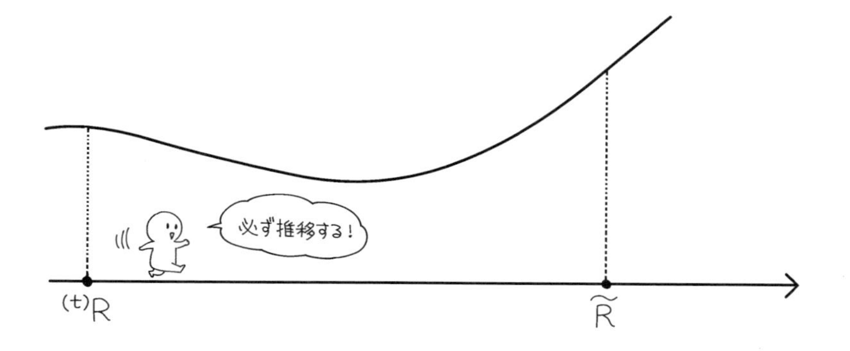

- $\dfrac{\pi(\tilde{R}\,|\,x_1,\cdots,x_n)}{\pi({}^{(t)}R\,|\,x_1,\cdots,x_n)} < 1$ であったなら、確率 $\dfrac{\pi(\tilde{R}\,|\,x_1,\cdots,x_n)}{\pi({}^{(t)}R\,|\,x_1,\cdots,x_n)}$ で ${}^{(t)}R$ から $\tilde{R}$ へと推移させ、確率 $\left(1-\dfrac{\pi(\tilde{R}\,|\,x_1,\cdots,x_n)}{\pi({}^{(t)}R\,|\,x_1,\cdots,x_n)}\right)$ で ${}^{(t)}R$ に留める。

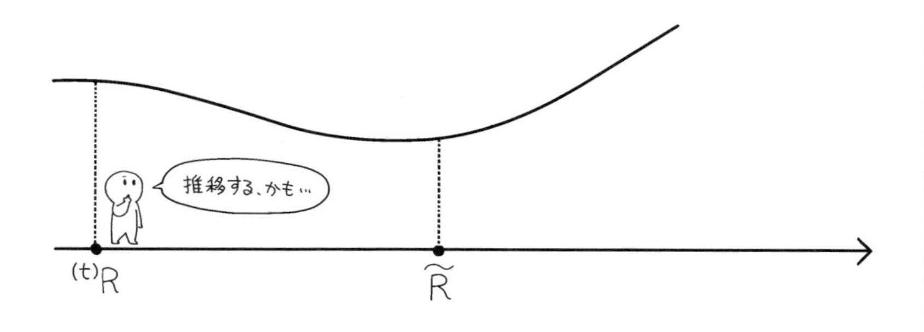

この具体例におけるΘの推定値は、以下に記す Step1 から Step8 までの計算で求められます。

 解答

Step1

事前確率密度関数と尤度関数と事後確率密度関数の関係を確認する。

事前確率密度関数と尤度関数と事後確率密度関数の関係は次のとおりである。

$$\pi(\theta | x_1, \cdots, x_{15}) = \frac{f(x_1, \cdots, x_{15} | \theta)\pi(\theta)}{\int_{-\infty}^{\infty} f(x_1, \cdots, x_{15} | \theta)\pi(\theta)d\theta}$$

説明の都合で表記していませんけれども、x_1 から x_{15} までの具体的な値は140 ページの表のとおりです。

Step2

事前確率密度関数を定義する。

140 ページの表からわかるように、15 個の乱数の値はいずれもマイナスであり、その平均は-16.267である。したがってΘの真の値は、-16前後でないかと、あるいは少なくともマイナスでないかと考えられる。とは言え決めつけは良くないので、Θの事前確率分布を、

$$\Theta \sim U(-10000, 10000)$$

と定義する。つまりΘの事前確率密度関数である$\pi(\theta)$を次のように定義する。

$$\pi(\theta) = \begin{cases} -10000 \leq \theta \leq 10000 \text{ の場合は} & \dfrac{1}{10000-(-10000)} \\ \text{上記以外の場合は} & 0 \end{cases}$$

と定義する。

$\pi(\theta)$の定義は、主観や先行研究などに基づいて、分析者が主体的におこないます。

Step3

尤度関数を整理する。

尤度関数$f(x_1, \cdots, x_{15} | \theta)$は次のように整理できる。

$$
\begin{aligned}
f(x_1, \cdots, x_{15} | \theta) &= \frac{\Gamma\left(\frac{9+1}{2}\right)}{\sqrt{9\pi}\,\Gamma\left(\frac{9}{2}\right)} \left(\frac{1}{1 + \frac{(x_1 - \theta)^2}{9}} \right)^{\frac{9+1}{2}} \times \cdots \times \frac{\Gamma\left(\frac{9+1}{2}\right)}{\sqrt{9\pi}\,\Gamma\left(\frac{9}{2}\right)} \left(\frac{1}{1 + \frac{(x_{15} - \theta)^2}{9}} \right)^{\frac{9+1}{2}} \\
&= \left(\frac{\Gamma\left(\frac{9+1}{2}\right)}{\sqrt{9\pi}\,\Gamma\left(\frac{9}{2}\right)} \right)^{15} \times \frac{1}{\left(1 + \frac{(x_1 - \theta)^2}{9}\right)^{\frac{9+1}{2}} \times \cdots \times \left(1 + \frac{(x_{15} - \theta)^2}{9}\right)^{\frac{9+1}{2}}}
\end{aligned}
$$

Step4

$\dfrac{\pi(\tilde{R}\,|\,x_1,\cdots,x_n)}{\pi({}^{(t)}R\,|\,x_1,\cdots,x_n)}$ を整理する。

$$\frac{\pi(\tilde{R}\,|\,x_1,\cdots,x_{15})}{\pi({}^{(t)}R\,|\,x_1,\cdots,x_{15})}$$

$$=\frac{\dfrac{f(x_1,\cdots,x_{15}|\tilde{R})\pi(\tilde{R})}{\int_{-\infty}^{\infty}f(x_1,\cdots,x_{15}|\theta)\pi(\theta)d\theta}}{\dfrac{f(x_1,\cdots,x_{15}|{}^{(t)}R)\pi({}^{(t)}R)}{\int_{-\infty}^{\infty}f(x_1,\cdots,x_{15}|\theta)\pi(\theta)d\theta}}$$

$$=\frac{f(x_1,\cdots,x_{15}|\tilde{R})\pi(\tilde{R})}{f(x_1,\cdots,x_{15}|{}^{(t)}R)\pi({}^{(t)}R)}$$

$$=\frac{\left\{\left(\dfrac{\Gamma\left(\frac{9+1}{2}\right)}{\sqrt{9\pi}\Gamma\left(\frac{9}{2}\right)}\right)^{15}\times\dfrac{1}{\left(1+\frac{(x_1-\tilde{R})^2}{9}\right)^{\frac{9+1}{2}}\times\cdots\times\left(1+\frac{(x_{15}-\tilde{R})^2}{9}\right)^{\frac{9+1}{2}}}\right\}\times\dfrac{1}{10000-(-10000)}}{\left\{\left(\dfrac{\Gamma\left(\frac{9+1}{2}\right)}{\sqrt{9\pi}\Gamma\left(\frac{9}{2}\right)}\right)^{15}\times\dfrac{1}{\left(1+\frac{(x_1-{}^{(t)}R)^2}{9}\right)^{\frac{9+1}{2}}\times\cdots\times\left(1+\frac{(x_{15}-{}^{(t)}R)^2}{9}\right)^{\frac{9+1}{2}}}\right\}\times\dfrac{1}{10000-(-10000)}}$$

$$=\left(\frac{1+\frac{(x_1-{}^{(t)}R)^2}{9}}{1+\frac{(x_1-\tilde{R})^2}{9}}\right)^{\frac{9+1}{2}}\times\cdots\times\left(\frac{1+\frac{(x_{15}-{}^{(t)}R)^2}{9}}{1+\frac{(x_{15}-\tilde{R})^2}{9}}\right)^{\frac{9+1}{2}}$$

Step5

提案分布である $N(^{(0)}R, d^2)$ における $^{(0)}R$ の値と d^2 の値を定義する。

$^{(0)}R = 0$ とする。 $d^2 = 0.2^2$ とする。

$^{(0)}R$ の値は、ここでは 0 としましたが、本来はいくつであってもかまいません。

現実的な処置としては、何種類かの値を $^{(0)}R$ として定義し、それらごとに当ステップ以降の手順を踏み、得られた結果が同等であるなら「$^{(0)}R$ の値はどうであれ、分析がうまくいった」と解釈する、それがいいでしょう。

Step6

提案分布$N({}^{(0)}R, d^2)$の乱数である$\tilde{R}$を生成し、$\dfrac{\pi(\tilde{R}\,|\,x_1, \cdots, x_n)}{\pi({}^{(0)}R\,|\,x_1, \cdots, x_n)}$の値を求め、${}^{(1)}\Theta$の実現値である${}^{(1)}R$を次のように定める。

- **1以上であったなら、${}^{(1)}R = \tilde{R}$とする。**
- **1未満であったなら、一様分布$U(0, 1)$の乱数を1個生成し、それと$\dfrac{\pi(\tilde{R}\,|\,x_1, \cdots, x_n)}{\pi({}^{(0)}R\,|\,x_1, \cdots, x_n)}$の大小を比較する。乱数のほうが小さかったなら、${}^{(1)}R = \tilde{R}$とする。乱数のほうが大きかったなら、$\tilde{R}$へと推移させず、${}^{(1)}R = {}^{(0)}R$とする。**

$\tilde{R} = -0.030$であった。したがって、

$$\begin{aligned}
\frac{\pi(\tilde{R}\,|\,x_1, \cdots, x_{15})}{\pi({}^{(0)}R\,|\,x_1, \cdots, x_{15})} &= \frac{\pi(-0.030\,|-17.295,\ \cdots,\ -15.009)}{\pi(0|-17.295,\ \cdots,\ -15.009)} \\
&= \left(\frac{1 + \dfrac{(-17.295-0)^2}{9}}{1 + \dfrac{(-17.295-(-0.030))^2}{9}} \right)^{\frac{9+1}{2}} \times \cdots \times \left(\frac{1 + \dfrac{(-15.009-0)^2}{9}}{1 + \dfrac{(-15.009-(-0.030))^2}{9}} \right)^{\frac{9+1}{2}} \\
&= 1.305
\end{aligned}$$

である。1以上であったので、${}^{(1)}R = \tilde{R} = -0.030$とする。

Step7

提案分布 $N({}^{(1)}R, d^2)$ の乱数である $\tilde{R}$ を生成し、$\dfrac{\pi(\tilde{R}\,|\,x_1,\cdots,x_n)}{\pi({}^{(1)}R\,|\,x_1,\cdots,x_n)}$ の値を求め、${}^{(2)}\Theta$の実現値である ${}^{(2)}R$ を次のように定める。

- **1 以上であったなら、${}^{(2)}R=\tilde{R}$ とする。**
- **1 未満であったなら、一様分布 $U(0,1)$ の乱数を 1 個生成し、それと $\dfrac{\pi(\tilde{R}\,|\,x_1,\cdots,x_n)}{\pi({}^{(1)}R\,|\,x_1,\cdots,x_n)}$ の大小を比較する。乱数のほうが小さかったなら、${}^{(2)}R=\tilde{R}$ とする。乱数のほうが大きかったなら、$\tilde{R}$ へと推移させず、${}^{(2)}R={}^{(1)}R$ とする。**

$\tilde{R}=0.051$ であった。したがって、

$$\frac{\pi(\tilde{R}\,|\,x_1,\cdots,x_{15})}{\pi({}^{(1)}R\,|\,x_1,\cdots,x_{15})}=\left(\frac{1+\dfrac{(-17.295-(-0.030))^2}{9}}{1+\dfrac{(-17.295-0.051)^2}{9}}\right)^{\frac{9+1}{2}}\times\cdots\times\left(\frac{1+\dfrac{(-15.009-(-0.030))^2}{9}}{1+\dfrac{(-15.009-0.051)^2}{9}}\right)^{\frac{9+1}{2}}$$
$$=0.484$$

である。$U(0,1)$ の乱数を 1 個生成したところ 0.493 であったので、${}^{(2)}R={}^{(1)}R=-0.030$ とする。

Step8

Step6 と Step7 と同様の行為を延々と繰り返す。値が安定したと思われる ${}^{(T)}R$ 以降の乱数を用いて、Θ の推定値を求める。

試しに 11000 回繰り返した。その結果を記したのが次ページのグラフである。横軸は t を意味していて、縦軸は ${}^{(t)}R$ を意味している。グラフからわかるように、$t=500$ に満たない段階で ${}^{(t)}R$ は変化に乏しい。言いかえると、$t=500$ 以降における ${}^{(t)}R$ は、${}^{(1)}\Theta,{}^{(2)}\Theta,{}^{(3)}\Theta,\cdots$ というマルコフ連鎖の不変分布の乱数であると、つまり Θ の事後分布の乱数であると言える。

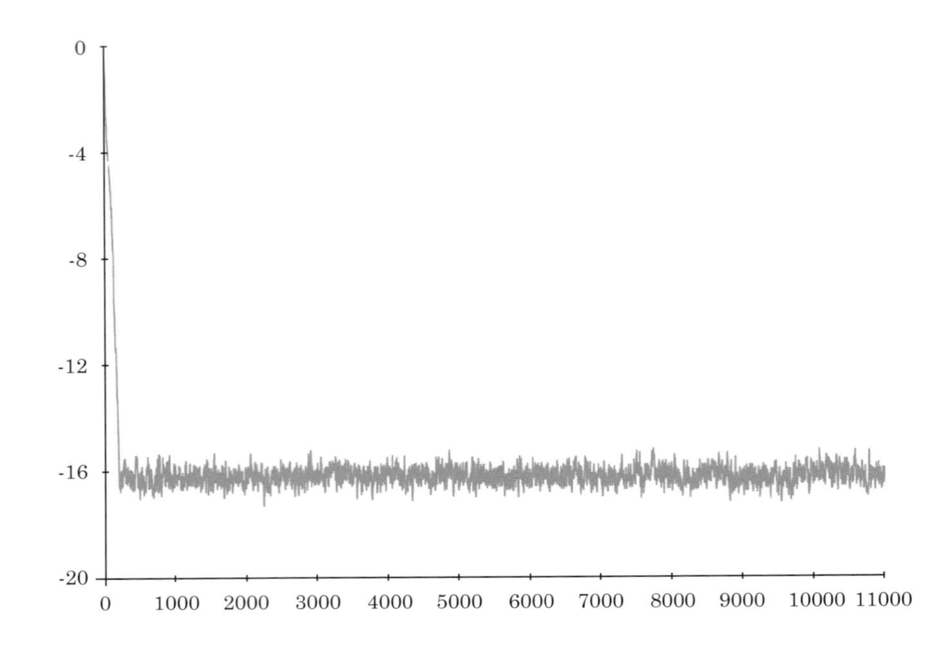

${}^{(501)}R$ から ${}^{(10500)}R$ までの 10000 個の乱数に基づいて下表をまとめた。

${}^{(501)}R$	-16.514
${}^{(502)}R$	-16.598
⋮	⋮
${}^{(10500)}R$	-16.408
$E(\Theta \mid x_1, \cdots, x_{15})$	$\int_{-\infty}^{\infty} \theta\pi(\theta \mid x_1, \cdots, x_{15})d\theta \approx \overline{R} = \dfrac{{}^{(501)}R + \cdots + {}^{(10500)}R}{10000} = -16.201$
$V(\Theta \mid x_1, \cdots, x_{15})$	$\int_{-\infty}^{\infty} (\theta - E(\Theta \mid x_1, \cdots, x_{15}))^2 \pi(\theta \mid x_1, \cdots, x_{15})d\theta \approx \dfrac{({}^{(501)}R - \overline{R})^2 + \cdots + ({}^{(10500)}R - \overline{R})^2}{10000} = 0.091$

$E(\Theta \mid x_1, \cdots, x_{15})$ は**事後期待値**と呼ばれ、$V(\Theta \mid x_1, \cdots, x_{15})$ は**事後分散**と呼ばれます。

下図は、横軸が乱数（※$t \geq 501$）の値で、縦軸が度数である、ヒストグラムです。おおよそ左右対称の形状なのがわかります。

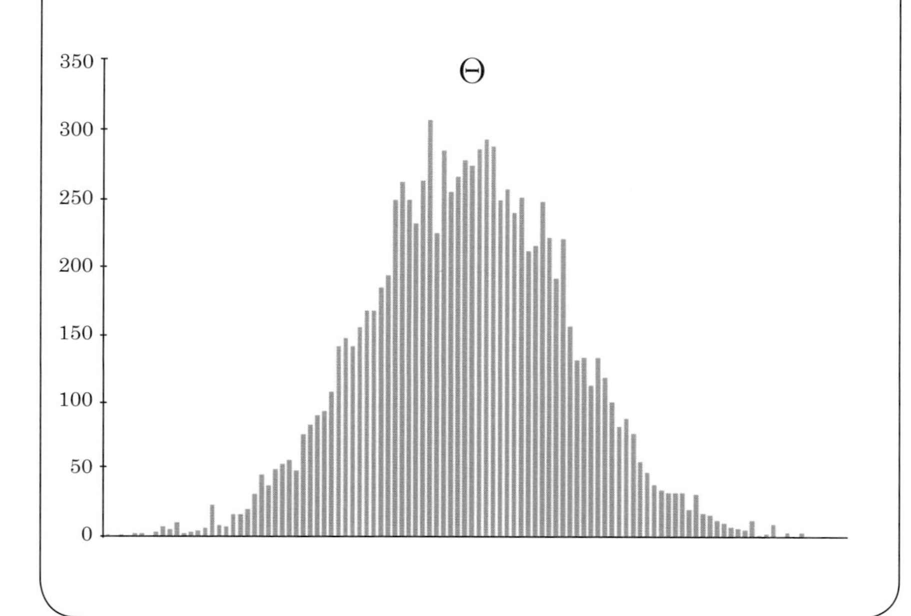

3.3　ギブスサンプラー

以前に説明したように
正規分布の確率密度関数は

$$f(x)=\frac{1}{\sqrt{2\pi}\sigma}\exp\left(-\frac{(x-\mu)^2}{2\sigma^2}\right)$$

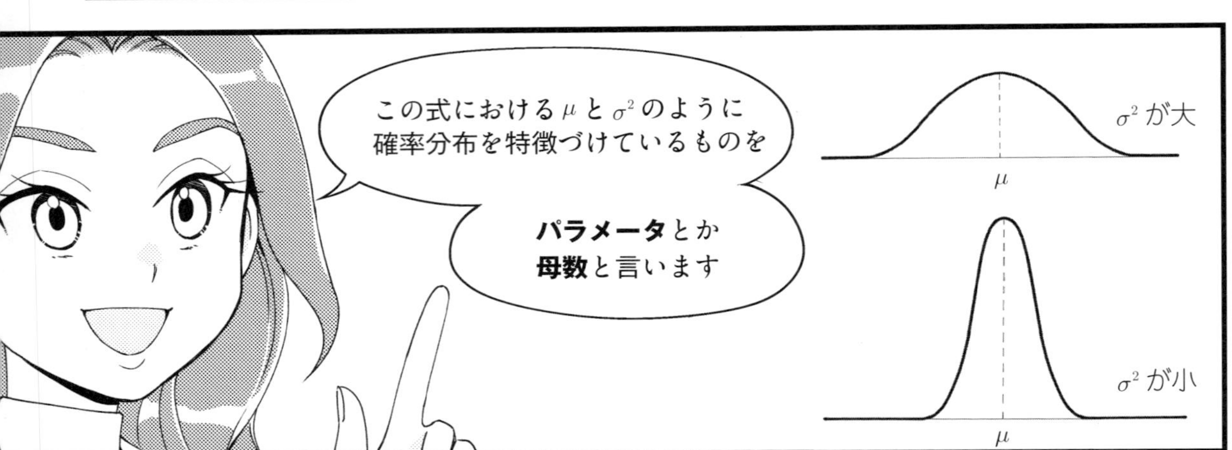

さて先ほどの
MH アルゴリズムの具体例では
推定値を求めるべきパラメータの種類は
Θ の 1 つだけであり

${}^{(t)}\Theta={}^{(t)}R$ の推移先として
${}^{(t+1)}\Theta=\tilde{R}$ を採用する確率は

$$\alpha(\tilde{R}\mid{}^{(t)}R)=\frac{q({}^{(t)}R\mid\tilde{R})\pi(\tilde{R}\mid x_1,\cdots,x_n)}{q(\tilde{R}\mid{}^{(t)}R)\pi({}^{(t)}R\mid x_1,\cdots,x_n)}$$

でした

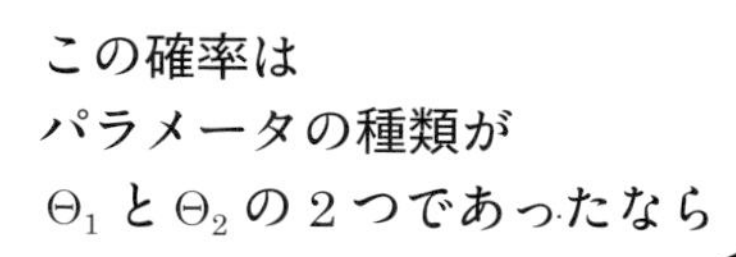

$$\alpha_1(\tilde{R}_1 \mid {}^{(t)}R_1, {}^{(t)}R_2) = \frac{q_1({}^{(t)}R_1 \mid \tilde{R}_1, {}^{(t)}R_2)\pi(\tilde{R}_1 \mid {}^{(t)}R_2, x_1, \cdots, x_n)}{q_1(\tilde{R}_1 \mid {}^{(t)}R_1, {}^{(t)}R_2)\pi({}^{(t)}R_1 \mid {}^{(t)}R_2, x_1, \cdots, x_n)}$$

$$\alpha_2(\tilde{R}_2 \mid {}^{(t+1)}R_1, {}^{(t)}R_2) = \frac{q_2({}^{(t)}R_2 \mid {}^{(t+1)}R_1, \tilde{R}_2)\pi(\tilde{R}_2 \mid {}^{(t+1)}R_1, x_1, \cdots, x_n)}{q_2(\tilde{R}_2 \mid {}^{(t+1)}R_1, {}^{(t)}R_2)\pi({}^{(t)}R_2 \mid {}^{(t+1)}R_1, x_1, \cdots, x_n)}$$

提案確率密度関数

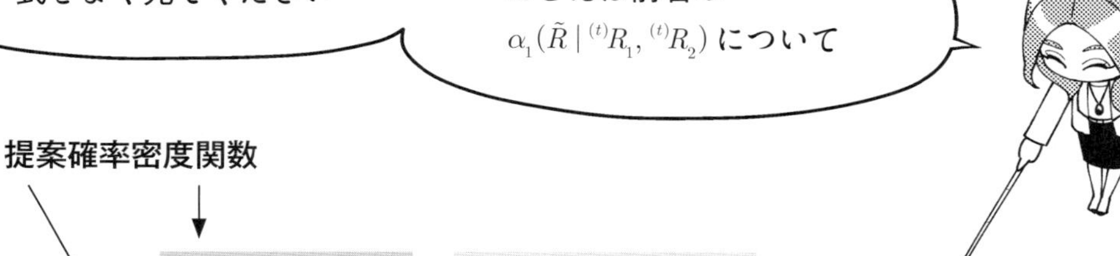

$$q_1(\tilde{R}_1 \mid {}^{(t)}R_1, {}^{(t)}R_2) = \pi(\tilde{R}_1 \mid {}^{(t)}R_2, x_1, \cdots, x_n)$$

$$q_1({}^{(t)}R_1 \mid \tilde{R}_1, {}^{(t)}R_2) = \pi({}^{(t)}R_1 \mid {}^{(t)}R_2, x_1, \cdots, x_n)$$

${}^{(t+1)}\Theta_1$ の条件付き事後確率密度関数

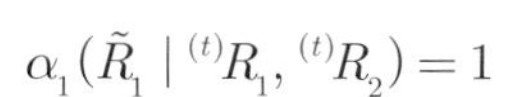

$$\alpha_1(\tilde{R}_1 \mid {}^{(t)}R_1, {}^{(t)}R_2) = 1$$

- $\alpha_1(\tilde{R}_1 \mid {}^{(t)}R_1, {}^{(t)}R_2) = 1$ なので、${}^{(t)}\Theta_1 = {}^{(t)}R_1$ の推移先として ${}^{(t+1)}\Theta_1 = \tilde{R}_1$ を必ず採用する。
- 提案確率密度関数の姿がどういうものかと言えば、${}^{(t+1)}\Theta_1$ の条件付き事後確率密度関数である。

同様に $\alpha_2(\tilde{R}_2 \mid {}^{(t+1)}R_1, {}^{(t)}R_2)$ について

提案確率密度関数

$$q_2(\tilde{R}_2 \mid {}^{(t+1)}R_1, {}^{(t)}R_2) = \pi(\tilde{R}_2 \mid {}^{(t+1)}R_1, x_1, \cdots, x_n)$$

$$q_2({}^{(t)}R_2 \mid {}^{(t+1)}R_1, \tilde{R}_2) = \pi({}^{(t)}R_2 \mid {}^{(t+1)}R_1, x_1, \cdots, x_n)$$

${}^{(t+1)}\Theta_2$ の条件付き事後確率密度関数

と定義すると
どうなる？

- $\alpha_2(\tilde{R}_2 \,|\, {}^{(t+1)}R_1, {}^{(t)}R_2) = 1$ なので、${}^{(t)}\Theta_2 = {}^{(t)}R_2$ の推移先として ${}^{(t+1)}\Theta_2 = \tilde{R}_2$ を必ず採用する。
- 提案確率密度関数の姿がどういうものかと言えば、${}^{(t+1)}\Theta_2$ の条件付き事後確率密度関数である。

問題

△△新聞社は、東京都の私立大学に在籍する下宿生を無作為に抽出し、1 か月あたりの食費を 2017 年 10 月に訊きました。その結果を記したのが下表です。

	食費（百円）
大学生 1	182
大学生 2	220
大学生 3	212
大学生 4	320
大学生 5	350
大学生 6	220
大学生 7	249
大学生 8	315
大学生 9	368
大学生 10	323
大学生 11	296
大学生 12	199
大学生 13	205
大学生 14	293

	食費（百円）
大学生 15	448
大学生 16	184
大学生 17	362
大学生 18	365
大学生 19	117
大学生 20	331
大学生 21	257
大学生 22	153
大学生 23	224
大学生 24	137
大学生 25	406
平均 $\bar{x}$	269.4
平方和 S	186208.2
分散	86.3

「j 番目に抽出した下宿生の、1か月あたりの食費」である X_j について、

$$X_j \sim N(\mu, \sigma^2)$$

であるとします。μ と σ^2 の推定値を求めなさい。

表中の平方和 S の計算方法は 163 ページで説明します。

先ほどの MH アルゴリズムの具体例と同様に、この具体例で推定値を求めるべき μ と σ^2 は定数でなく確率変数である、そうベイズ統計学では解釈します。

本書における確率変数の表記はこれまで、X とか Θ といった具合に、大文字でした。しかも、たとえば 47 ページに記したように、

$$P(a \leq X \leq b) = \int_a^b f(x)dx$$

といった具合に、大文字と小文字の意味を違えていました。しかし本書のこれ以降では、以下のような表現を用いる場合があります。類書にも見られる表現なので、慣れましょう。

- σ^2 の事後確率密度関数は、$\pi(\sigma^2 | x_1, \cdots, x_n)$ である。
- μ の事前分布は、区間 $[a, b]$ の一様分布である。つまり、$\mu \sim U(a, b)$ である。

この具体例におけるμとσ^2の推定値は、以下に記す Step1 から Step9 までの手順で求められます。

解答

Step1

事前確率密度関数と尤度関数と事後確率密度関数の関係を確認する。

事前確率密度関数は、

$$\pi(\mu,\ \sigma^2) = \pi(\mu \mid \sigma^2) \times \pi(\sigma^2)$$

である。ただしこの具体例では、

$$\pi(\mu,\ \sigma^2) = \pi(\mu) \times \pi(\sigma^2)$$

と定義する。したがって事前確率密度関数と尤度関数と事後確率密度関数の関係は次のとおりである。

$$\begin{aligned}\pi(\mu,\ \sigma^2 | \ x_1, \cdots, x_n) &\propto f(x_1, \cdots, x_n | \mu, \sigma^2) \times \pi(\mu, \sigma^2) \\ &= f(x_1, \cdots, x_n | \mu, \sigma^2) \times \pi(\mu) \times \pi(\sigma^2)\end{aligned}$$

説明の都合で表記していませんけれども、$n = 25$ であり、x_1 から x_{25} までの具体的な値は 159 ページの表のとおりです。

Step2

事前確率密度関数を定義する。

事前確率分布を、

- $\mu \sim U(0, C_1)$
- $\sigma^2 \sim U(0, C_2)$

と定義する。つまり事前確率密度関数である $\pi(\mu)$ と $\pi(\sigma^2)$ を次のように定義する。

- $\pi(\mu) = \begin{cases} 0 \leq \mu \leq C_1 \text{の場合は} & \dfrac{1}{C_1 - 0} \\ \text{上記以外の場合は} & 0 \end{cases}$

- $\pi(\sigma^2) = \begin{cases} 0 \leq \sigma^2 \leq C_2 \text{の場合は} & \dfrac{1}{C_2 - 0} \\ \text{上記以外の場合は} & 0 \end{cases}$

C_1とC_2は、具体的にいくつかはともかく、ものすごく大きな値だとします。

参考までに、本書の巻末の付録に、これとは異なるものを事前確率密度関数として定義した場合について記しています。

Step3

尤度関数を整理する。

尤度関数 $f(x_1, \cdots, x_n | \mu, \sigma^2)$ は次のように整理できる。

$$
\begin{aligned}
&f(x_1, \cdots, x_n | \mu, \sigma^2)\\
&= \frac{1}{\sqrt{2\pi}\sigma}\exp\left(-\frac{(x_1-\mu)^2}{2\sigma^2}\right)\times\cdots\times\frac{1}{\sqrt{2\pi}\sigma}\exp\left(-\frac{(x_n-\mu)^2}{2\sigma^2}\right)\\
&= \left(\frac{1}{\sqrt{2\pi}}\right)^n\times\left(\frac{1}{\sigma}\right)^n\exp\left(-\frac{(x_1-\mu)^2}{2\sigma^2}-\cdots-\frac{(x_n-\mu)^2}{2\sigma^2}\right)\\
&\propto (\sigma^2)^{-\frac{n}{2}}\exp\left(-\frac{(x_1-\mu)^2+\cdots+(x_n-\mu)^2}{2\sigma^2}\right)
\end{aligned}
$$

86ページより。

$$
\begin{aligned}
&(x_1-\mu)^2+\cdots+(x_n-\mu)^2\\
&= \left\{(x_1-\bar{x})+(\bar{x}-\mu)\right\}^2+\cdots+\left\{(x_n-\bar{x})+(\bar{x}-\mu)\right\}^2\\
&= (x_1-\bar{x})^2+2(x_1-\bar{x})(\bar{x}-\mu)+(\bar{x}-\mu)^2+\cdots+(x_n-\bar{x})^2+2(x_n-\bar{x})(\bar{x}-\mu)+(\bar{x}-\mu)^2\\
&= (x_1-\bar{x})^2+\cdots+(x_n-\bar{x})^2\\
&\qquad +2(\bar{x}-\mu)\left\{(x_1-\bar{x})+\cdots+(x_n-\bar{x})\right\}\\
&\qquad\quad +n(\bar{x}-\mu)^2
\end{aligned}
$$

第2項に注目すると、

$$
(x_1-\bar{x})+\cdots+(x_n-\bar{x}) = x_1+\cdots+x_n-n\bar{x} = x_1+\cdots+x_n-n\times\frac{x_1+\cdots+x_n}{n}=0
$$

だから……

$$
\begin{aligned}
&= S+n(\bar{x}-\mu)^2\\
&= S+n(\mu-\bar{x})^2
\end{aligned}
$$

$$
= (\sigma^2)^{-\frac{n}{2}}\exp\left(-\frac{S+n(\mu-\bar{x})^2}{2\sigma^2}\right)
$$

平方和 S と平均 $\bar{x}$ の具体的な値は159ページに書かれているとおりです。説明の都合上、記号のままで表記しています。

Step4

事後確率密度関数を整理する。

事後確率密度関数 $\pi(\mu, \sigma^2 | x_1, \cdots, x_n)$ は、Step1 から Step3 までの内容から、次のように整理できる。

$$\begin{aligned}
&\pi(\mu, \sigma^2 | x_1, \cdots, x_n) \\
&\propto f(x_1, \cdots, x_n | \mu, \sigma^2) \times \pi(\mu) \times \pi(\sigma^2) \\
&\propto (\sigma^2)^{-\frac{n}{2}} \exp\left(-\frac{S + n(\mu - \overline{x})^2}{2\sigma^2}\right) \times \frac{1}{C_1 - 0} \times \frac{1}{C_2 - 0} \\
&\propto (\sigma^2)^{-\frac{n}{2}} \exp\left(-\frac{S + n(\mu - \overline{x})^2}{2\sigma^2}\right)
\end{aligned}$$

Step5

条件付き事後確率密度関数を整理する。

条件付き事後確率密度関数は 2 つあり、

- $\pi(\mu | \sigma^2, x_1, \cdots, x_n)$

- $\pi(\sigma^2 | \mu, x_1, \cdots, x_n)$

である。前者を整理する際には Step4 における σ^2 を定数とみなし、後者を整理する際には μ を定数とみなす。

■ $\pi(\mu | \sigma^2, x_1, \cdots, x_n)$ の整理

$$\begin{aligned}
\pi(\mu | \sigma^2, x_1, \cdots, x_n) &\propto \exp\left(-\frac{n(\mu - \overline{x})^2}{2\sigma^2}\right) \\
&= \exp\left(-\frac{(\mu - \overline{x})^2}{2\left(\frac{\sigma}{\sqrt{n}}\right)^2}\right)
\end{aligned}$$

■ $\pi(\sigma^2 | \mu, x_1, \cdots, x_n)$ の整理

$$\pi(\sigma^2 | \mu, x_1, \cdots, x_n) \propto (\sigma^2)^{-\left\{\left(\frac{n}{2}-1\right)+1\right\}} \exp\left(-\frac{\frac{S+n(\mu-\bar{x})^2}{2}}{\sigma^2}\right)$$

要するに、条件付き事後確率分布は次のとおりです。

・ $\mu | \sigma^2, x_1, \cdots, x_n \sim N\left(\bar{x}, \left(\frac{\sigma}{\sqrt{n}}\right)^2\right)$

・ $\sigma^2 | \mu, x_1, \cdots, x_n \sim IG\left(\frac{n}{2}-1, \frac{S+n(\mu-\bar{x})^2}{2}\right)$

Step6

${}^{(0)}\sigma^2$ の値を定義する。

これといった理由があるわけではないが、試しに、${}^{(0)}\sigma^2 = 10^2$ とする。

Step7

$N\left(\bar{x}, \left(\frac{^{(0)}\sigma}{\sqrt{n}}\right)^2\right)$の乱数である$^{(1)}\mu$を生成し、続けて$IG\left(\frac{n}{2}-1, \frac{S+n(^{(1)}\mu-\bar{x})^2}{2}\right)$の乱数である$^{(1)}\sigma^2$を生成する。

$N\left(269.4, \left(\frac{10}{\sqrt{25}}\right)^2\right)$の乱数である$^{(1)}\mu$を生成したところ、$^{(1)}\mu=273.2$ であった。

$IG\left(\frac{25}{2}-1,\ \frac{186208.2+25(273.2-269.4)^2}{2}\right)$ の乱数である$^{(1)}\sigma^2$を生成したところ、$^{(1)}\sigma^2=100.7^2$ であった。

Sやnや$^{(0)}\sigma^2$などの具体的な値を示しました。

Step8

$N\left(\bar{x}, \left(\frac{^{(1)}\sigma}{\sqrt{n}}\right)^2\right)$の乱数である$^{(2)}\mu$を生成し、続けて$IG\left(\frac{n}{2}-1, \frac{S+n(^{(2)}\mu-\bar{x})^2}{2}\right)$の乱数である$^{(2)}\sigma^2$を生成する。

$N\left(269.4, \left(\frac{100.7}{\sqrt{25}}\right)^2\right)$の乱数である$^{(2)}\mu$を生成したところ、$^{(2)}\mu=299.1$であった。

$IG\left(\frac{25}{2}-1,\ \frac{186208.2+25(299.1-269.4)^2}{2}\right)$の乱数である$^{(2)}\sigma^2$を生成したところ、$^{(2)}\sigma^2=110.4^2$ であった。

Step9

Step7 と Step8 と同様の行為を延々と繰り返す。値が安定したと思われる ${}^{(T)}\mu$ と ${}^{(T)}\sigma^2$ 以降の乱数を用いて、μ と σ^2 の推定値を求める。

試しに 11000 回繰り返した。その結果を記したのが下図のグラフである。

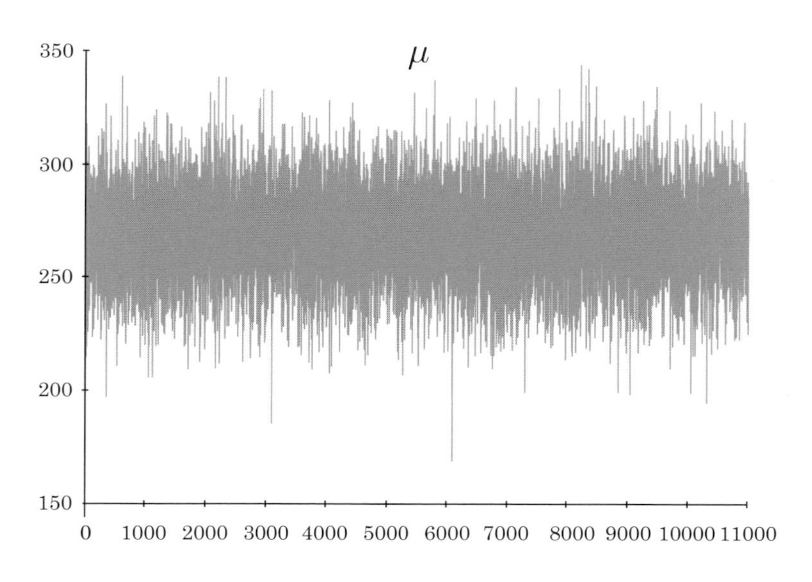

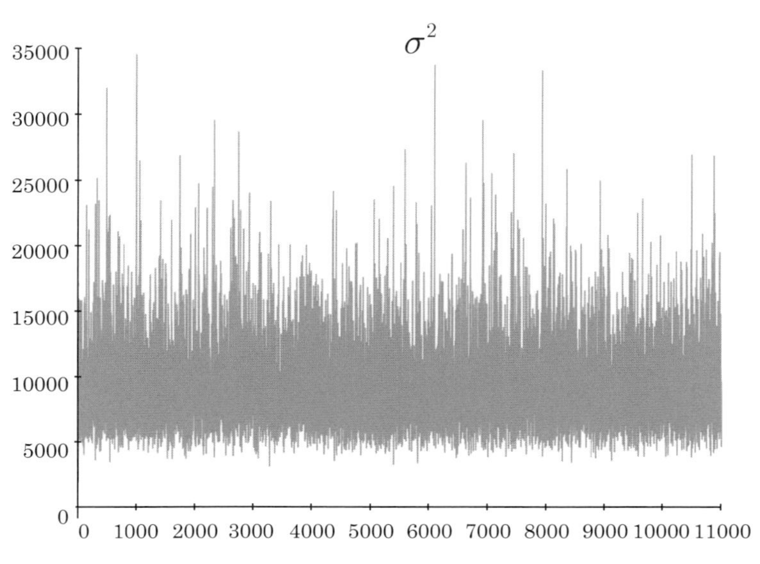

1001番目から11000番目までの乱数でμとσ^2の推定値を求めることにした。結果は下表のとおりである。

	μ
${}^{(1001)}\mu$	294.4
${}^{(1002)}\mu$	257.1
⋮	⋮
${}^{(11000)}\mu$	265.9
95%信用区間	[230.7, 306.9]
事後中央値	269.6
事後期待値 $E(\mu \mid x_1, \cdots, x_{25})$	$\bar{\mu} = \dfrac{{}^{(1001)}\mu + \cdots + {}^{(11000)}\mu}{10000} = 269.5$
事後分散 $V(\mu \mid x_1, \cdots, x_{25})$	$\dfrac{({}^{(1001)}\mu - \bar{\mu})^2 + \cdots + ({}^{(11000)}\mu - \bar{\mu})^2}{10000} = 367.6$

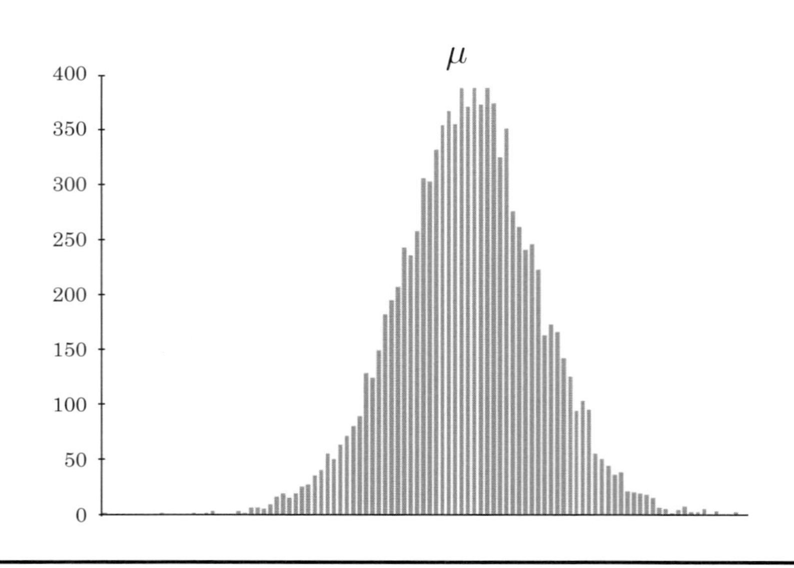

推定値を求めるべきパラメータがθであるとします。
ベイズ統計学によるθの推定値には、いくつかの種類が存在します。たとえば下表に記した3つがそうです。ちなみにこれら3つは、θの事後確率密度関数のグラフが左右対称の山型に近ければ、だいたい一致します。

事後期待値（EAP 推定値） ※ EAP ← Expected A Posteriori	$E(\theta \| x_1, \cdots, x_n)$ **のこと。**
事後確率最大値（MAP 推定値） ※ MAP ← Maximum A Posteriori	**不変分布である、θの事後確率密度関数のグラフを描いた際の、最大値に対応する横軸の値のこと。**
事後中央値	${}^{(T+1)}R$ **から** ${}^{(T+\tau)}R$ **までの乱数を値の小さな順に並べた際の、真ん中に位置する値のこと。**

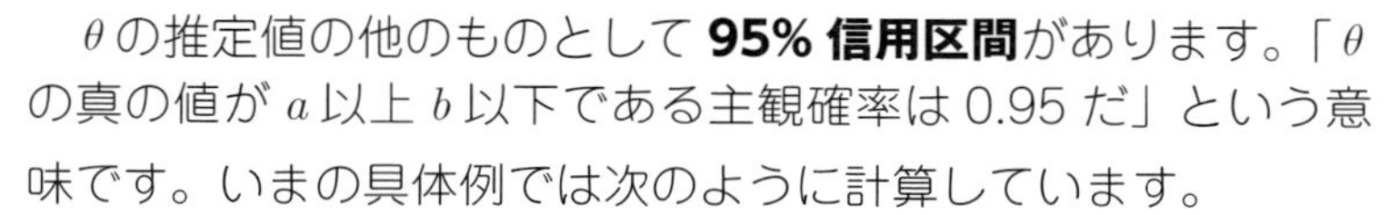

θの推定値の他のものとして **95% 信用区間**があります。「θの真の値がa以上b以下である主観確率は0.95だ」という意味です。いまの具体例では次のように計算しています。

${}^{(1001)}\mu$ から ${}^{(11000)}\mu$ までの10000個を値の小さな順に並べた際の、251番目の値であるaと9750番目の値であるbによって挟まれる、区間$[a, b]$のこと。

(Step9 の続き)

	σ^2
${}^{(1001)}\sigma^2$	7171.2
${}^{(1002)}\sigma^2$	9632.6
$\vdots$	$\vdots$
${}^{(11000)}\sigma^2$	4825.7
95%信用区間	[5033.3, 16910.8]
事後中央値	8729.6
事後期待値 $E(\sigma^2 \mid x_1, \cdots, x_{25})$	$\overline{\sigma^2} = \dfrac{{}^{(1001)}\sigma^2 + \cdots + {}^{(11000)}\sigma^2}{10000} = 9310.8$
事後分散 $V(\sigma^2 \mid x_1, \cdots, x_{25})$	$\dfrac{({}^{(1001)}\sigma^2 - \overline{\sigma^2})^2 + \cdots + ({}^{(11000)}\sigma^2 - \overline{\sigma^2})^2}{10000} = 9497649.9$

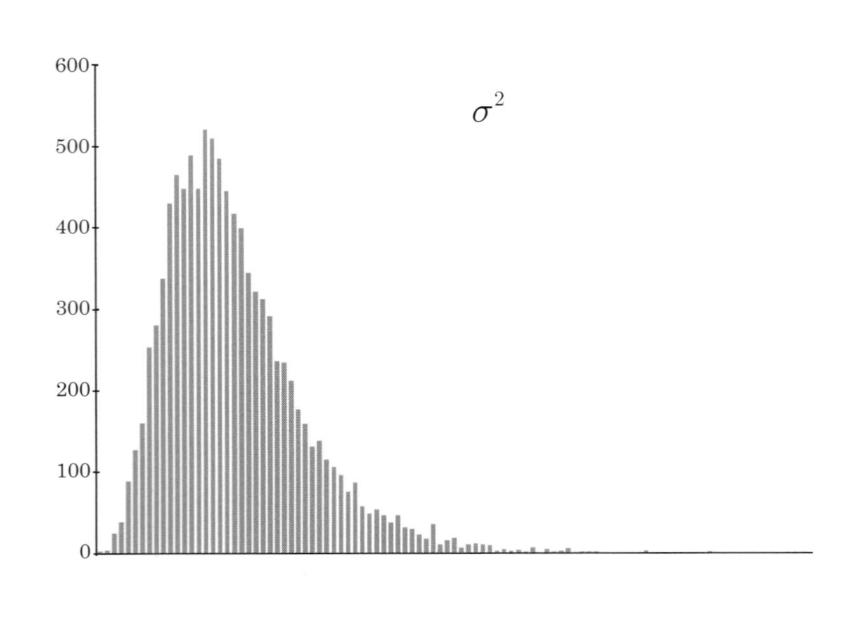

ふーーー…

おつかれ♥
どうでしたか？

先に MH アルゴリズムの具体例に取り組んでいたからそこまで難しいとは感じませんでした
うんうん
よかった

それじゃ休憩しましょうか！
たくさんあるから好きなだけどうぞ！
わーっ
donut

4. 自然な共役事前分布

X_j について、

$$X_j \sim N(270,\ \sigma^2)$$

であるとします。なおかつ σ^2 の事前確率密度関数と尤度関数が次のものであるとします。

σ^2 の事前確率密度関数	$\pi(\sigma^2) = \dfrac{\beta^\alpha}{\Gamma(\alpha)}(\sigma^2)^{-(\alpha+1)} \exp\left(-\dfrac{\beta}{\sigma^2}\right) \propto (\sigma^2)^{-(\alpha+1)} \exp\left(-\dfrac{\beta}{\sigma^2}\right)$ ※要するに、$\sigma^2 \sim IG(\alpha,\ \beta)$ です。
尤度関数	$f(x_1,\ \cdots,\ x_n \mid \sigma^2) \propto (\sigma^2)^{-\frac{n}{2}} \exp\left(-\dfrac{S + n(270-\bar{x})^2}{2\sigma^2}\right)$ ※ 163 ページを参照してください。

σ^2 の事後確率密度関数である $\pi(\sigma^2 \mid x_1,\ \cdots,\ x_n)$ を整理すると、

$$\begin{aligned}
\pi(\sigma^2 \mid x_1,\ \cdots,\ x_n) &\propto f(x_1,\ \cdots,\ x_n \mid \sigma^2) \times \pi(\sigma^2) \\
&\propto (\sigma^2)^{-\frac{n}{2}} \exp\left(-\frac{S + n(270-\bar{x})^2}{2\sigma^2}\right) \times (\sigma^2)^{-(\alpha+1)} \exp\left(-\frac{\beta}{\sigma^2}\right) \\
&= (\sigma^2)^{-\left\{\left(\alpha + \frac{n}{2}\right)+1\right\}} \exp\left(-\frac{\beta + \dfrac{S + n(270-\bar{x})^2}{2}}{\sigma^2}\right)
\end{aligned}$$

です。つまり σ^2 の事後分布は、$IG\left(\alpha + \dfrac{n}{2},\ \beta + \dfrac{S + n(270-\bar{x})^2}{2}\right)$ という逆ガンマ分布です。このような、

事前分布		尤度		事後分布
逆ガンマ分布	×	正規分布	→	逆ガンマ分布

という関係を、数学的な物言いで、「正規分布の**自然な共役事前分布**（※あるいは**共役事前分布**）

は逆ガンマ分布である」と表現します。

自然な共役事前分布の理解を確実なものにしてもらいたいので、念のため、もうひとつ例を挙げます。X_j はポアソン分布にしたがい、λ の事前確率密度関数と尤度関数が次のものであるとします。

λ の事前確率密度関数	$\pi(\lambda) = \frac{\beta^{\alpha}}{\Gamma(\alpha)}\lambda^{\alpha-1}\exp(-\beta\lambda)$ $\propto \lambda^{\alpha-1}\exp(-\beta\lambda)$ ※要するに、λ の事前分布はガンマ分布です。
尤度関数	$f(x_1, \cdots, x_n \mid \lambda) = \frac{\lambda^{x_1+\cdots+x_n}}{x_1! \times \cdots \times x_n!}\exp(-\lambda n)$ $\propto \lambda^{x_1+\cdots+x_n}\exp(-\lambda n)$ ※ 95 ページを参照してください。

λ の事後確率密度関数である $\pi(\lambda \mid x_1, \cdots, x_n)$ を整理すると、

$$
\begin{aligned}
\pi(\lambda \mid x_1, \cdots, x_n) &\propto f(x_1, \cdots, x_n \mid \lambda) \times \pi(\lambda) \\
&\propto \lambda^{x_1+\cdots+x_n}\exp(-\lambda n) \times \lambda^{\alpha-1}\exp(-\beta\lambda) \\
&= \lambda^{\left\{\alpha+(x_1+\cdots+x_n)\right\}-1}\exp\left\{-(\beta+n)\lambda\right\}
\end{aligned}
$$

です。つまり、λ の事後分布はガンマ分布であり、ポアソン分布の自然な共役事前分布はガンマ分布です。

第6章

マルコフ連鎖モンテカルロ法の活用例

1. 2つの母集団の平均についての推測

2. 階層ベイズモデル

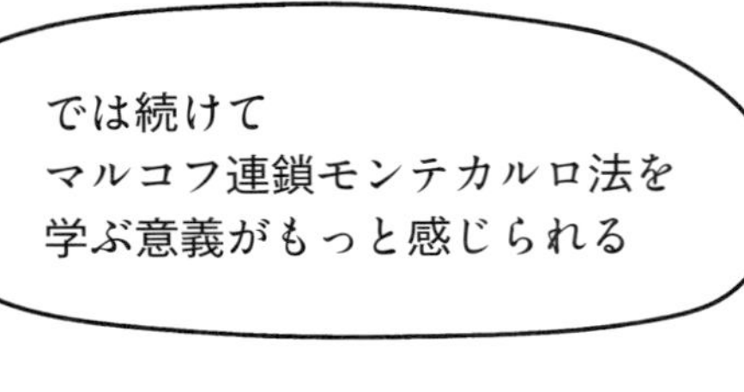

- 2つの母集団の平均についての推測
- 階層ベイズモデル

という
2つの活用例を
紹介します

1. 2つの母集団の平均についての推測

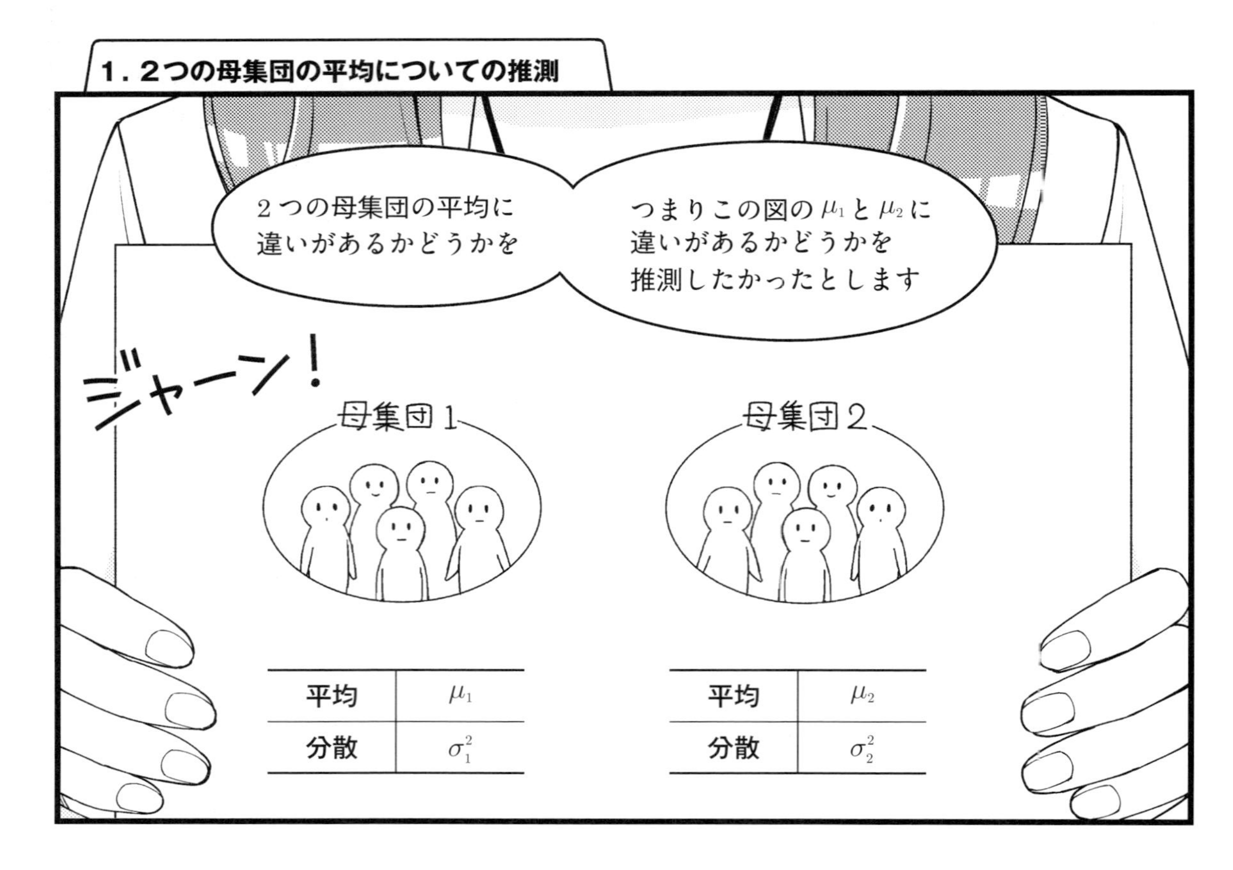

一般的な統計学と
ベイズ統計学とでは
分析の方法が異なります
一般的な統計学
ベイズ統計学
どう異なるかは
後ほど具体例で説明します

ただし一般的な統計学の
場合に限って
簡単に説明しておくと
このような目的のためには
母平均の差の検定という
分析手法が用いられます
母平均の差の検定は
統計的仮説検定の
一種です
一般的な統計学
統計的仮説検定なら
知ってます！

念のために
おさらいして
おきましょう
はい！

1.1　統計的仮説検定

統計的仮説検定とは、母集団について分析者が立てた、

- **「東京都の私立大学に在籍する下宿生」と「福岡県の私立大学に在籍する下宿生」の、1か月あたりの食費の平均には違いがあるのでは？**
- **「抗がん剤 M_1 が投与された末期肺がん患者」と「抗がん剤 M_2 が投与された末期肺がん患者」の生存率には違いがあるのでは？**

といった仮説が正しいかどうかを標本のデータから推測する分析手法の総称です。次のような種類が存在します。

- **母平均の差の検定**
- **無相関の検定**
- **独立性の検定**
- **一元配置分散分析**

1.2　統計的仮説検定の手順

母平均の差の検定であれ何であれ、統計的仮説検定の手順は同一です。下表にまとめました[注]。

Step1	母集団を定義する。
Step2	帰無仮説と対立仮説を立てる。
Step3	どの統計的仮説検定をおこなうか選択する。
Step4	有意水準を決定する。
Step5	標本のデータから検定統計量の値を求める。
Step6	Step5 で求めた検定統計量の値に対応する P 値のほうが有意水準よりも小さいかどうかを調べる。
Step7	有意水準よりも P 値のほうが小さかったならば、「対立仮説は正しい」と、つまり「有意である」と結論づける。そうでなければ、「帰無仮説は誤っているとは言えない」と、つまり「有意でない」と結論づける。

ちなみに上表の手順を単純化すると、次に示す、①と②という2つのステップで表現できます。

注　本書では、表中の**有意水準**とか**検定統計量**とか **P 値**といった概念の説明はしません。これらの知識のない読者は、高橋信『マンガでわかる統計学』（オーム社）などで意味を理解してください。

①標本のデータを公式に代入し、1つの値に変換する。なお公式は統計的仮説検定の種類によって異なる。

	変数1	変数2	…
Aさん	17	90	…
Bさん	15	48	…
⋮	⋮	⋮	⋮

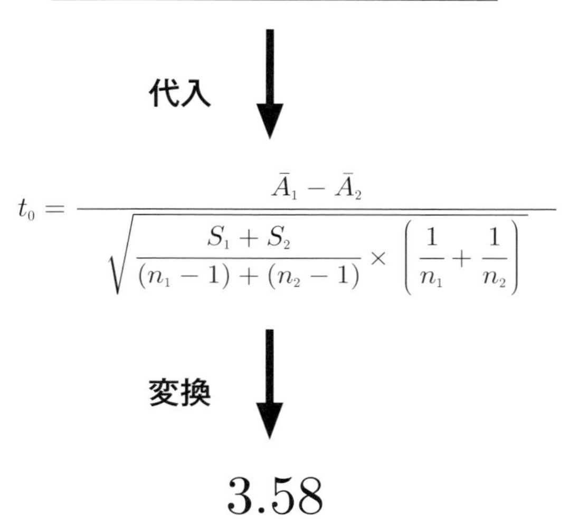

②①における値に対応する P 値のほうが有意水準よりも小さかったならば、「対立仮説は正しい」と、つまり「有意である」と結論づける。そうでなければ、「帰無仮説は誤っているとは言えない」と、つまり「有意でない」と結論づける。

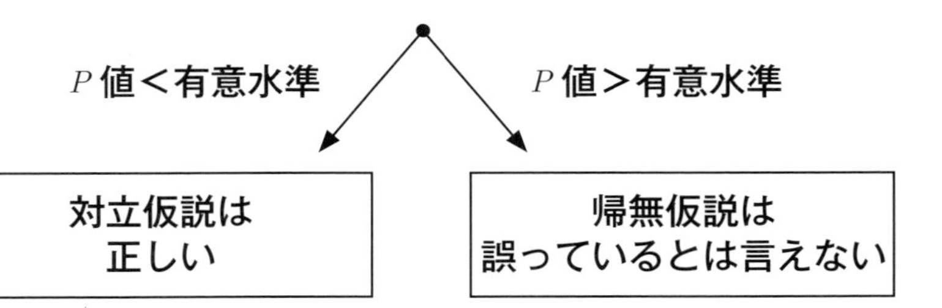

1.3 統計的仮説検定の種類と帰無仮説と対立仮説

統計的仮説検定では、種類ごとに、帰無仮説と対立仮説にはこれこれこういうものを充てねばならないということがあらかじめ決められています。2つの例を下表にまとめました。

	母平均の差の検定	一元配置分散分析
帰無仮説	$\mu_1 = \mu_2$	$\mu_1 = \mu_2 = \cdots = \mu_a$
対立仮説	$\mu_1 = \mu_2$ ではない	$\mu_1 = \mu_2 = \cdots = \mu_a$ ではない

みなさんが統計的仮説検定をおこなうにあたっては、数多くの種類の中から、自分の立てた仮説に合致する帰無仮説か対立仮説を擁するものを自分で選定する必要があります。と言われると大変そうに感じるでしょうけれども、それが誰であろうと分析者の立てる仮説はだいたい相場が決まっていますし、だからこそ、一般的におこなわれる統計的仮説検定の種類もだいたい相場が決まっています。選定で悩む場面は実際のところそんなにないはずです。

注意が2つあります。

1つめ。母平均の差の検定における対立仮説は、厳密に言うと「$\mu_1 = \mu_2$ではない」でなく、

- $\mu_1 \neq \mu_2$
- $\mu_1 > \mu_2$
- $\mu_1 < \mu_2$

の3種類のいずれかです。分析者が、原則としてデータを集める“前”に、自分の意思で選択します。

2つめ。一元配置分散分析における対立仮説は、母平均の差の検定とは異なり、上表の1種類だけです。そのかわり多義的であることに気をつけてください。つまり、

- $\mu_1 \neq \mu_2 \neq \cdots \neq \mu_a$
- $\mu_1 = \mu_2 \neq \cdots \neq \mu_a$
- $\mu_1 \neq \mu_2 = \cdots = \mu_a$

といった複数の仮説が内包されることに気をつけてください。

問題

東京都も福岡県も大きな街であるとは言え後者のほうが物価は安いであろう、したがって福岡県の私立大学に在籍する下宿生のほうが1か月あたりの食費は少ないであろう、そのような仮説を△△新聞社は以前から立てていました。

仮説を検証するため、東京都と福岡県の私立大学に在籍する下宿生を25人ずつ無作為に抽出し、1か月あたりの食費を2017年10月に△△新聞社は訊きました。その結果を記したのが下表です。

	居住地	食費（百円）
大学生 1	東京都	182
大学生 2	東京都	220
大学生 3	東京都	212
大学生 4	東京都	320
大学生 5	東京都	350
大学生 6	東京都	220
大学生 7	東京都	249
大学生 8	東京都	315
大学生 9	東京都	368
大学生 10	東京都	323
大学生 11	東京都	296
大学生 12	東京都	199
大学生 13	東京都	205
大学生 14	東京都	293
大学生 15	東京都	448
大学生 16	東京都	184
大学生 17	東京都	362
大学生 18	東京都	365
大学生 19	東京都	117
大学生 20	東京都	331
大学生 21	東京都	257
大学生 22	東京都	153
大学生 23	東京都	224
大学生 24	東京都	137
大学生 25	東京都	406
平均 $\bar{x}_{東京都}$		269.4
平方和 $S_{東京都}$		186208.2
標準偏差		86.3

	居住地	食費（百円）
大学生 26	福岡県	163
大学生 27	福岡県	155
大学生 28	福岡県	148
大学生 29	福岡県	297
大学生 30	福岡県	177
大学生 31	福岡県	99
大学生 32	福岡県	282
大学生 33	福岡県	185
大学生 34	福岡県	313
大学生 35	福岡県	200
大学生 36	福岡県	363
大学生 37	福岡県	226
大学生 38	福岡県	273
大学生 39	福岡県	175
大学生 40	福岡県	300
大学生 41	福岡県	297
大学生 42	福岡県	151
大学生 43	福岡県	209
大学生 44	福岡県	241
大学生 45	福岡県	238
大学生 46	福岡県	271
大学生 47	福岡県	291
大学生 48	福岡県	351
大学生 49	福岡県	223
大学生 50	福岡県	145
平均 $\bar{x}_{福岡県}$		230.9
平方和 $S_{福岡県}$		119945.8
標準偏差		69.3

「j 番目に抽出した下宿生の、1 か月あたりの食費」である $X_{東京都 j}$ と $X_{福岡県 j}$ について、

- $X_{東京都j} \sim N(\mu_{東京都},\ \sigma^2_{東京都})$
- $X_{福岡県j} \sim N(\mu_{福岡県},\ \sigma^2_{福岡県})$

であるとします。

(1) $\mu_{東京都} > \mu_{福岡県}$ であるかどうかを、一般的な統計学における、母平均の差の検定で推測しなさい。有意水準は 0.05 とします。

(2) $\mu_{東京都} > \mu_{福岡県}$ であるかどうかを、ベイズ統計学に基づいて推測しなさい。

！解答

(1)下表のとおりである。

Step1	母集団を定義する。	・東京都の私立大学に在籍する下宿生全員 ・福岡県の私立大学に在籍する下宿生全員 を母集団とする。
Step2	帰無仮説と対立仮説を立てる。	帰無仮説は、「$\mu_{東京都} = \mu_{福岡県}$」である。 対立仮説は、「$\mu_{東京都} > \mu_{福岡県}$」である。
Step3	どの統計的仮説検定をおこなうか選択する。	母平均の差の検定をおこなう。
Step4	有意水準を決定する。	有意水準を 0.05 とする。
Step5	標本のデータから検定統計量の値を求める。	おこなおうとしているのは母平均の差の検定である。 この具体例における検定統計量の値は、$\sigma^2_{東京都} = \sigma^2_{福岡県}$を仮定したなら、 $\dfrac{269.4 - 230.9}{\sqrt{\dfrac{186208.2 + 119945.8}{(25-1)+(25-1)} \times \left(\dfrac{1}{25}+\dfrac{1}{25}\right)}} = 1.7053$ である。 なおこの具体例において、検定統計量は、帰無仮説の状況が真実ならば、自由度 48 の t 分布にしたがう。
Step6	Step5 で求めた検定統計量の値に対応する P 値のほうが有意水準よりも小さいかどうかを調べる。	有意水準は 0.05 である。P 値は、検定統計量の値が 1.7053 なので、0.0473 である。$0.0473 < 0.05$ である。P 値のほうが小さい。
Step7	有意水準よりも P 値のほうが小さかったならば、「対立仮説は正しい」と、つまり「有意である」と結論づける。 そうでなければ、「帰無仮説は誤っているとは言えない」と、つまり「有意でない」と結論づける。	有意水準よりも P 値のほうが小さかった。したがって「$\mu_{東京都} > \mu_{福岡県}$」という対立仮説は正しい。つまり有意である。

(2)下表は、159 ～ 170 ページで説明した計算方法による結果を記したものである。東京都についての結果は、167 ～ 170 ページのものを転用した。

	$\mu_{東京都}$	$\mu_{福岡県}$	$\mu_{東京都}-\mu_{福岡県}$	$\sigma^2_{東京都}$	$\sigma^2_{福岡県}$
1001	294.4	225.5	68.9	7171.2	4903.8
⋮	⋮	⋮	⋮	⋮	⋮
11000	265.9	237.7	28.2	4825.7	4833.5
95% 信用区間	[230.7,306.9]	[200.1,261.3]	[-10.0,86.6]	[5033.3,16910.8]	[3292.0,10889.3]
事後中央値	269.6	230.9	38.6	8729.6	5628.3
事後期待値 E	269.5	230.8	38.6	9310.8	5992.1
事後分散 V	367.6	238.2	603.6	9497649.9	3944943.8

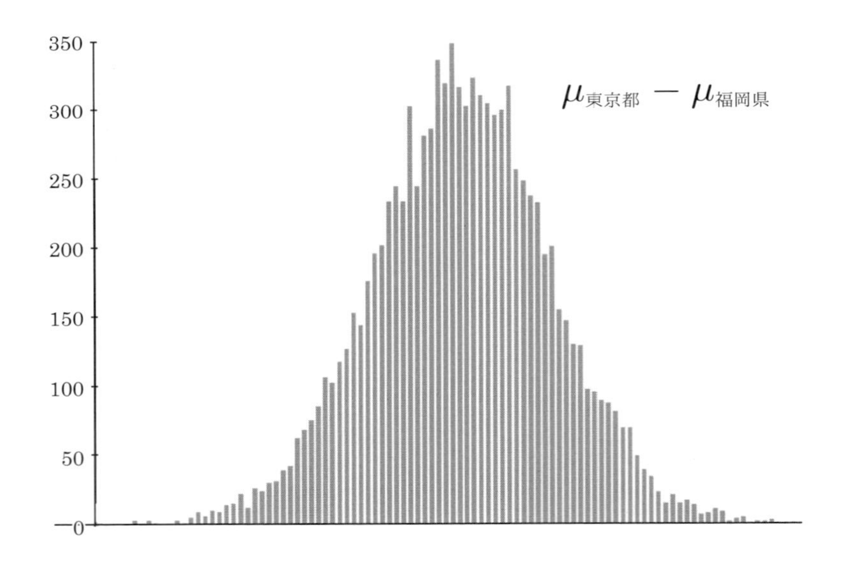

$\mu_{東京都}>\mu_{福岡県}$である確率を意味する、上表における $\frac{「\mu_{東京都}-\mu_{福岡県}>0」の個数}{10000}$ を求めたところ、

$$\frac{9421}{10000}=0.9421$$

であった。つまり $\mu_{東京都}>\mu_{福岡県}$である確率は、0.9421 である。

ベイズ統計学だと
たとえば
$\mu_{東京都} - \mu_{福岡県} > 30$
である確率がすぐに求められます

$\dfrac{「\mu_{東京都} - \mu_{福岡県} > 30」の個数}{10000}$
ってことですね？
そうです
ベイズ統計学って
手軽で便利でしょ！

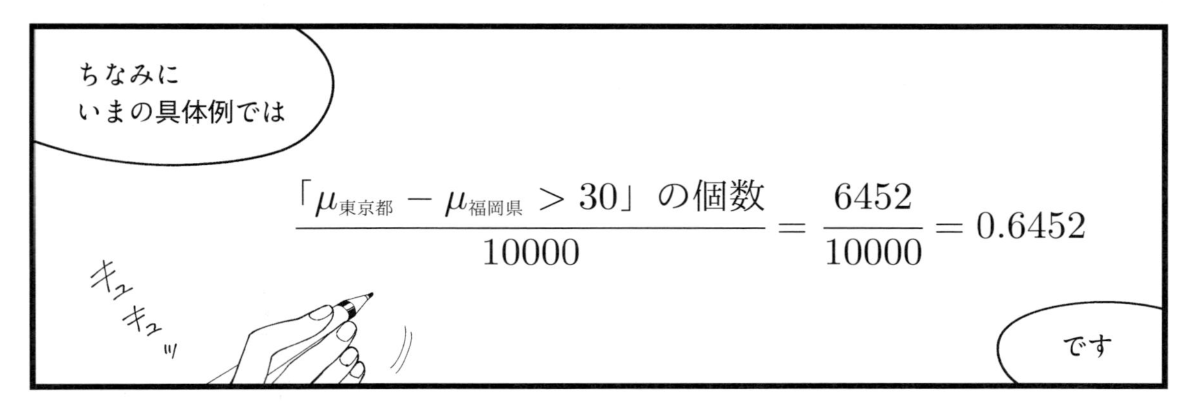
ちなみに
いまの具体例では
$\dfrac{「\mu_{東京都} - \mu_{福岡県} > 30」の個数}{10000} = \dfrac{6452}{10000} = 0.6452$
です
キュキュッ

2. 階層ベイズモデル

今日の授業の前半で取り上げたギブスサンプラーの具体例は憶えていますか？

東京都の私立大学に在籍する下宿生を対象に、「j番目に抽出した下宿生の、1か月あたりの食費」であるX_jについて
$X_j \sim N(\mu, \sigma^2)$
だとして、μとσ^2の推定値を求めたんでしたね……
東京都の私立大学に在籍する下宿生
平均 μ
分散 σ²
抽出
25人
平均 x̄

実は100を超える数の私立大学が東京都にはあります
そんなに！

ということは
大学間で食費の
ばらつきがあると
考えたほうが自然ですね
たしかに……

大学間の
ばらつきも踏まえて
推定値を求めたいなら
階層ベイズモデル
という考え方があります

階層ベイズモデルでは
まず東京都の私立大学から
何校かを無作為に抽出し
そのうえで各校に在籍する
下宿生から何人かずつを
無作為に抽出します

データを得るまでの流れ

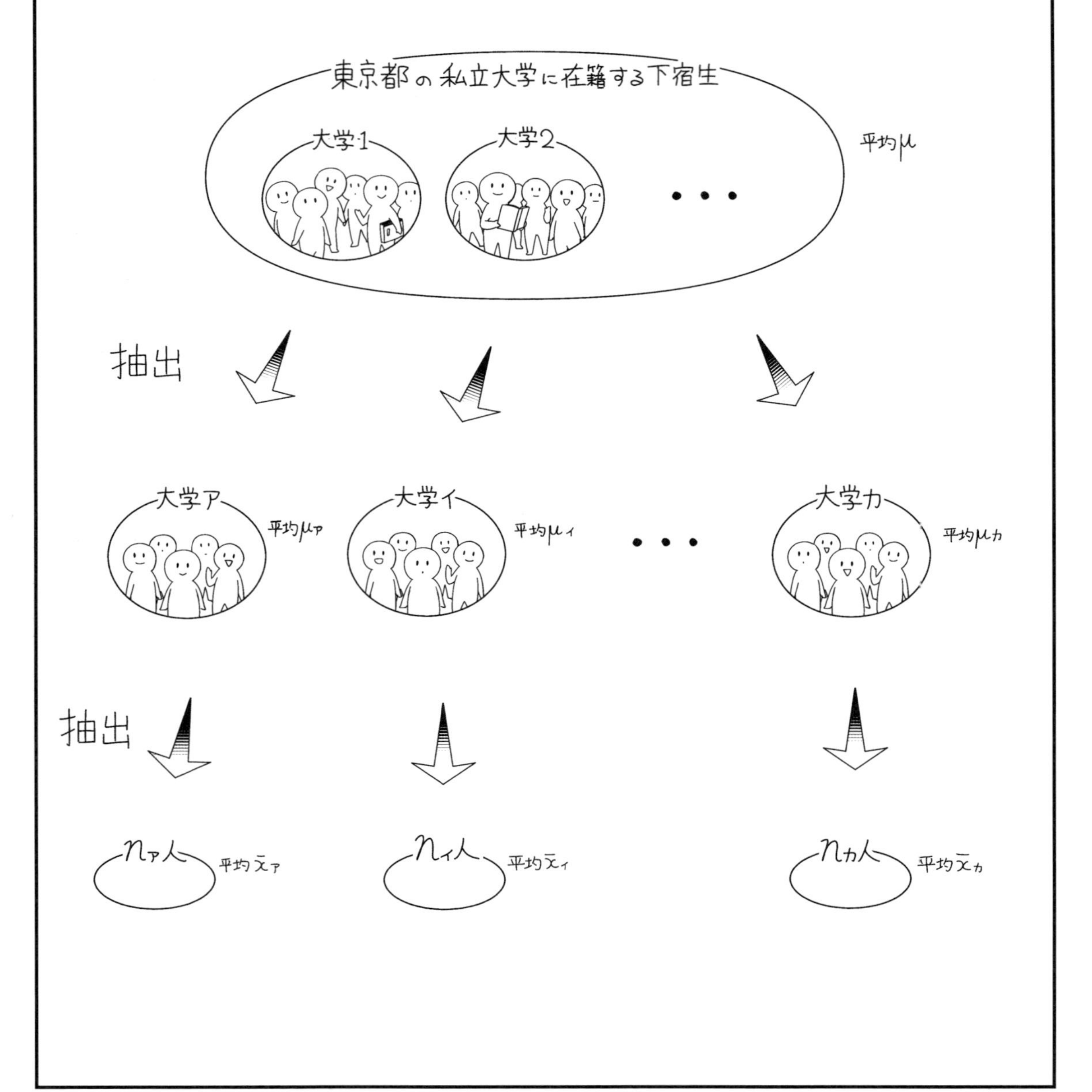

なおかつ
次のように仮定します

・
$$\begin{cases} X_{アj} \sim N(\mu_{ア},\ \nu^2) \\ X_{イj} \sim N(\mu_{イ},\ \nu^2) \\ \cdots\cdots\cdots\cdots\cdots \\ X_{カj} \sim N(\mu_{カ},\ \nu^2) \end{cases}$$

・
$$\begin{cases} \mu_{ア} \sim N(\mu,\ \omega^2) \\ \mu_{イ} \sim N(\mu,\ \omega^2) \\ \cdots\cdots\cdots\cdots\cdots \\ \mu_{カ} \sim N(\mu,\ \omega^2) \end{cases}$$

・μとω^2は定数でなく確率変数であり、何かしらの確率分布にしたがう。

このように
パラメータに階層構造を
設けたものを
階層ベイズモデルと言います

問題

100を超える数の私立大学が東京都にはあります。△△新聞社は、東京都の私立大学から6校を無作為に抽出し、各校に在籍する下宿生を無作為に抽出したうえで、1か月あたりの食費を2017年10月に訊きました。その結果を記したのが下表です。μなどの推定値を求めなさい。

	大学ア	大学イ	大学ウ	大学エ	大学オ	大学カ
n	30	25	30	25	28	25
平均 $\bar{x}_i$	307.1	289.8	242.0	286.8	246.3	260.6
平方和 S_i	177055.9	129510.0	162816.0	141270.0	138065.3	120409.8

この具体例における推定値は、以下に記すStep1からStep8までの手順で求められます。

Step1

事前確率密度関数と尤度関数と事後確率密度関数の関係を確認する。

事前確率密度関数を、

$$\pi(\nu^2, \mu_{ア}, \cdots, \mu_{カ}, \mu, \omega^2) = \pi(\nu^2) \times \pi(\mu_{ア} \mid \mu, \omega^2) \times \cdots \times \pi(\mu_{カ} \mid \mu, \omega^2) \times \pi(\mu) \times \pi(\omega^2)$$

と定義する。したがって事前確率密度関数と尤度関数と事後確率密度関数の関係は次のとおりである。

$$\begin{aligned}
&\pi(\nu^2, \mu_{ア}, \cdots, \mu_{カ}, \mu, \omega^2 \mid x_{ア1}, \cdots, x_{カ25}) \\
&\propto f(x_{ア1}, \cdots, x_{カ25} \mid \nu^2, \mu_{ア}, \cdots, \mu_{カ}) \times \pi(\nu^2, \mu_{ア}, \cdots, \mu_{カ}, \mu, \omega^2) \\
&= f(x_{ア1}, \cdots, x_{カ25} \mid \nu^2, \mu_{ア}, \cdots, \mu_{カ}) \times \pi(\nu^2) \times \pi(\mu_{ア} \mid \mu, \omega^2) \times \cdots \times \pi(\mu_{カ} \mid \mu, \omega^2) \times \pi(\mu) \times \pi(\omega^2)
\end{aligned}$$

Step2

事前確率密度関数を定義する。

事前分布を次のように定義する。

- $\nu^2 \sim IG(\alpha, \beta)$
- $\mu_i \sim N(\mu, \omega^2)$
- $\mu \sim U(0, C_1)$
- $\omega^2 \sim U(0, C_2)$

紙面の都合上、事前確率密度関数の記載は省略します。
ν^2 の事前分布には、172 ページで説明した自然な共役事前分布の考え方を利用して、逆ガンマ分布を仮定してみました。説明の便宜上これ以降も記号のままで表記しますけれども、$\alpha = \beta = 0.001$ とします。
C_1 と C_2 は、具体的にいくつかはともかく、ものすごく大きな値だとします。

Step3

尤度関数を整理する。

163 ページより、尤度関数は次のように整理できる。

$$
\begin{aligned}
&f(x_{ア1}, \cdots, x_{カ25} \mid \nu^2, \mu_{ア}, \cdots, \mu_{カ}) \\
&= \frac{1}{\sqrt{2\pi}\nu} \exp\left(-\frac{(x_{ア1} - \mu_{ア})^2}{2\nu^2}\right) \times \cdots \times \frac{1}{\sqrt{2\pi}\nu} \exp\left(-\frac{(x_{ア30} - \mu_{ア})^2}{2\nu^2}\right) \\
&\quad \times \cdots \times \frac{1}{\sqrt{2\pi}\nu} \exp\left(-\frac{(x_{カ1} - \mu_{カ})^2}{2\nu^2}\right) \times \cdots \times \frac{1}{\sqrt{2\pi}\nu} \exp\left(-\frac{(x_{カ25} - \mu_{カ})^2}{2\nu^2}\right) \\
&\propto (\nu^2)^{-\frac{30+25+30+25+28+25}{2}} \exp\left(-\frac{S_{ア} + 30(\mu_{ア} - \bar{x}_{ア})^2}{2\nu^2} - \cdots - \frac{S_{カ} + 25(\mu_{カ} - \bar{x}_{カ})^2}{2\nu^2}\right)
\end{aligned}
$$

Step4

事後確率密度関数を整理する。

事後確率密度関数は、Step1からStep3までの内容から、次のように整理できる。

$$
\begin{aligned}
&\pi(\nu^2, \mu_{ア}, \cdots, \mu_{カ}, \mu, \omega^2 \mid x_{ア1}, \cdots, x_{カ25}) \\
&\propto f(x_{ア1}, \cdots, x_{カ25} \mid \nu^2, \mu_{ア}, \cdots, \mu_{カ}) \times \pi(\nu^2) \times \pi(\mu_{ア} \mid \mu, \omega^2) \times \cdots \times \pi(\mu_{カ} \mid \mu, \omega^2) \times \pi(\mu) \times \pi(\omega^2) \\
&\propto (\nu^2)^{-\frac{30+25+30+25+28+25}{2}} \exp\left(-\frac{S_{ア} + 30(\mu_{ア} - \bar{x}_{ア})^2}{2\nu^2} - \cdots - \frac{S_{カ} + 25(\mu_{カ} - \bar{x}_{カ})^2}{2\nu^2}\right) \\
&\quad \times \frac{\beta^\alpha}{\Gamma(\alpha)}(\nu^2)^{-(\alpha+1)} \exp\left(-\frac{\beta}{\nu^2}\right) \times \frac{1}{\sqrt{2\pi}\omega} \exp\left(-\frac{(\mu_{ア} - \mu)^2}{2\omega^2}\right) \times \cdots \times \frac{1}{\sqrt{2\pi}\omega} \exp\left(-\frac{(\mu_{カ} - \mu)^2}{2\omega^2}\right) \\
&\quad \times \frac{1}{C_1 - 0} \times \frac{1}{C_2 - 0} \\
&\propto (\nu^2)^{-\left\{\left(\alpha + \frac{30+25+30+25+28+25}{2}\right)+1\right\}} \exp\left(-\frac{S_{ア} + 30(\mu_{ア} - \bar{x}_{ア})^2}{2\nu^2} - \cdots - \frac{S_{カ} + 25(\mu_{カ} - \bar{x}_{カ})^2}{2\nu^2} - \frac{\beta}{\nu^2}\right) \\
&\quad \times (\omega^2)^{-\left\{\left(\frac{6}{2}-1\right)+1\right\}} \exp\left(-\frac{(\mu_{ア} - \mu)^2}{2\omega^2} - \cdots - \frac{(\mu_{カ} - \mu)^2}{2\omega^2}\right)
\end{aligned}
$$

Step5

条件付き事後確率密度関数を整理する。

条件付き事後確率密度関数は9つある。それらに対応する条件付き事後分布は、計算が煩雑なので結論を先に書くと、次のとおりである。$\mu_{ア}$のそれと同様なので、$\mu_{イ}$や$\mu_{ウ}$などの条件付き事後分布は省略した。

- $\nu^2 \mid \mu_{ア}, \cdots, \mu_{カ}, \mu, \omega^2, x_{ア1}, \cdots, x_{カ25}$

$$\sim IG\left(\alpha + \frac{30+25+30+25+28+25}{2}, \beta + \frac{S_{ア} + 30(\mu_{ア} - \bar{x}_{ア})^2}{2} + \cdots + \frac{S_{カ} + 25(\mu_{カ} - \bar{x}_{カ})^2}{2}\right)$$

- $\mu_{ア} \mid \nu^2, \mu_{イ}, \mu_{ウ}, \mu_{エ}, \mu_{オ}, \mu_{カ}, \mu, \omega^2, x_{ア1}, \cdots, x_{カ25} \sim N\left(\dfrac{\dfrac{30\bar{x}_{ア}}{\nu^2} + \dfrac{\mu}{\omega^2}}{\dfrac{30}{\nu^2} + \dfrac{1}{\omega^2}}, \left(\dfrac{1}{\sqrt{\dfrac{30}{\nu^2} + \dfrac{1}{\omega^2}}}\right)^2\right)$

- $\mu \mid \nu^2, \mu_{ア}, \cdots, \mu_{カ}, \omega^2, x_{ア1}, \cdots, x_{カ25} \sim N\left(\dfrac{\mu_{ア} + \mu_{イ} + \mu_{ウ} + \mu_{エ} + \mu_{オ} + \mu_{カ}}{6}, \left(\dfrac{\omega}{\sqrt{6}}\right)^2\right)$

- $\omega^2 \mid \nu^2, \mu_{ア}, \cdots, \mu_{カ}, \mu, x_{ア1}, \cdots, x_{カ25} \sim IG\left(\dfrac{6}{2} - 1, \dfrac{(\mu_{ア} - \mu)^2}{2} + \cdots + \dfrac{(\mu_{カ} - \mu)^2}{2}\right)$

■ $\pi(\nu^2 \mid \mu_{ア}, \cdots, \mu_{カ}, \mu, \omega^2, x_{ア1}, \cdots, x_{カ25})$ の整理

$$\pi(\nu^2 \mid \mu_{ア}, \cdots, \mu_{カ}, \mu, \omega^2, x_{ア1}, \cdots, x_{カ25})$$

$$\propto (\nu^2)^{-\left\{\left(\alpha + \frac{30+25+30+25+28+25}{2}\right)+1\right\}} \exp\left(-\frac{\beta + \dfrac{S_{ア} + 30(\mu_{ア} - \bar{x}_{ア})^2}{2} + \cdots + \dfrac{S_{カ} + 25(\mu_{カ} - \bar{x}_{カ})^2}{2}}{\nu^2}\right)$$

■ $\pi(\omega^2 \mid \nu^2, \mu_{ア}, \cdots, \mu_{カ}, \mu, x_{ア1}, \cdots, x_{カ25})$ の整理

$$\pi(\omega^2 \mid \nu^2, \mu_{ア}, \cdots, \mu_{カ}, \mu, x_{ア1}, \cdots, x_{カ25}) \propto (\omega^2)^{-\left\{\left(\frac{6}{2}-1\right)+1\right\}} \exp\left(-\frac{\dfrac{(\mu_{ア} - \mu)^2}{2} + \cdots + \dfrac{(\mu_{カ} - \mu)^2}{2}}{\omega^2}\right)$$

■ $\pi(\mu_{ア} \mid \nu^2, \mu_{イ}, \mu_{ウ}, \mu_{エ}, \mu_{オ}, \mu_{カ}, \mu, \omega^2, x_{ア1}, \cdots, x_{カ25})$ **の整理**

$$\pi(\mu_{ア} \mid \nu^2, \mu_{イ}, \mu_{ウ}, \mu_{エ}, \mu_{オ}, \mu_{カ}, \mu, \omega^2, x_{ア1}, \cdots, x_{カ25}) \propto \exp\left\{-\frac{1}{2}\left(\frac{30(\mu_{ア}-\bar{x}_{ア})^2}{\nu^2}+\frac{(\mu_{ア}-\mu)^2}{\omega^2}\right)\right\}$$

$$\propto \exp\left\{-\frac{\left(\mu_{ア}-\dfrac{\dfrac{30\bar{x}_{ア}}{\nu^2}+\dfrac{\mu}{\omega^2}}{\dfrac{30}{\nu^2}+\dfrac{1}{\omega^2}}\right)^2}{2\left(\dfrac{1}{\sqrt{\dfrac{30}{\nu^2}+\dfrac{1}{\omega^2}}}\right)^2}\right\}$$

211ページを
参照してください。

$\mu_{イ}$ や $\mu_{ウ}$ なども同様に整理できます。

■ $\pi(\mu \mid \nu^2, \mu_{ア}, \cdots, \mu_{カ}, \omega^2, x_{ア1}, \cdots, x_{カ25})$ **の整理**

$$\pi(\mu \mid \nu^2, \mu_{ア}, \cdots, \mu_{カ}, \omega^2, x_{ア1}, \cdots, x_{カ25})$$

$$\propto \exp\left(-\frac{(\mu_{ア}-\mu)^2+(\mu_{イ}-\mu)^2+(\mu_{ウ}-\mu)^2+(\mu_{エ}-\mu)^2+(\mu_{オ}-\mu)^2+(\mu_{カ}-\mu)^2}{2\omega^2}\right)$$

$$\begin{aligned}&(\mu_{ア}-\mu)^2+(\mu_{イ}-\mu)^2+(\mu_{ウ}-\mu)^2+(\mu_{エ}-\mu)^2+(\mu_{オ}-\mu)^2+(\mu_{カ}-\mu)^2\\&=6\mu^2-2(\mu_{ア}+\mu_{イ}+\mu_{ウ}+\mu_{エ}+\mu_{オ}+\mu_{カ})\mu+\mu_{ア}^2+\mu_{イ}^2+\mu_{ウ}^2+\mu_{エ}^2+\mu_{オ}^2+\mu_{カ}^2\\&=6\left(\mu-\frac{\mu_{ア}+\mu_{イ}+\mu_{ウ}+\mu_{エ}+\mu_{オ}+\mu_{カ}}{6}\right)^2+[\mu\text{とは無関係な項}]\end{aligned}$$

$$\propto \exp\left\{-\frac{1}{2}\left(\frac{6}{\omega^2}\right)\left(\mu-\frac{\mu_ア+\mu_イ+\mu_ウ+\mu_エ+\mu_オ+\mu_カ}{6}\right)^2\right\}$$

$$=\exp\left\{-\frac{\left(\mu-\frac{\mu_ア+\mu_イ+\mu_ウ+\mu_エ+\mu_オ+\mu_カ}{6}\right)^2}{2\left(\frac{\omega}{\sqrt{6}}\right)^2}\right\}$$

Step6

${}^{(0)}\nu^2$ と ${}^{(0)}\mu$ と ${}^{(0)}\omega^2$ の値を定義する。

Step7

① $N\left(\frac{\frac{30\bar{x}_ア}{{}^{(0)}\nu^2}+\frac{{}^{(0)}\mu}{{}^{(0)}\omega^2}}{\frac{30}{{}^{(0)}\nu^2}+\frac{1}{{}^{(0)}\omega^2}},\ \left(\frac{1}{\sqrt{\frac{30}{{}^{(0)}\nu^2}+\frac{1}{{}^{(0)}\omega^2}}}\right)^2\right)$ の乱数である ${}^{(1)}\mu_ア$ を生成する。同様に ${}^{(1)}\mu_イ$ と ${}^{(1)}\mu_ウ$ と…と ${}^{(1)}\mu_カ$ を生成する。

② $N\left(\frac{{}^{(1)}\mu_ア+\cdots+{}^{(1)}\mu_カ}{6},\ \left(\frac{{}^{(0)}\omega}{\sqrt{6}}\right)^2\right)$ の乱数である ${}^{(1)}\mu$ を生成する。

③ $IG\left(\frac{6}{2}-1,\frac{({}^{(1)}\mu_ア-{}^{(1)}\mu)^2}{2}+\cdots+\frac{({}^{(1)}\mu_カ-{}^{(1)}\mu)^2}{2}\right)$ の乱数である ${}^{(1)}\omega^2$ を生成する。

④ $IG\left(\alpha+\frac{30+25+30+25+28+25}{2},\ \beta+\frac{S_ア+30({}^{(1)}\mu_ア-\bar{x}_ア)^2}{2}+\cdots+\frac{S_カ+25({}^{(1)}\mu_カ-\bar{x}_カ)^2}{2}\right)$

の乱数である ${}^{(1)}\nu^2$ を生成する。

Step8

Step7 と同様の行為を延々と繰り返して推定値を求める。

150000 回繰り返した。130001 番目から 150000 番目までの乱数で推定値を求めた。結果は下表のとおりである。

	95% 信用区間	事後中央値	事後期待値 E	事後分散 V
$\mu_{ア}$	[275.5, 328.7]	301.3	301.6	183.5
$\mu_{イ}$	[259.1, 314.4]	286.6	286.6	198.0
$\mu_{ウ}$	[220.3, 273.1]	246.7	246.8	180.4
$\mu_{エ}$	[257.3, 312.1]	284.0	284.2	195.8
$\mu_{オ}$	[223.5, 276.9]	250.7	250.6	187.0
$\mu_{カ}$	[234.4, 289.6]	262.7	262.6	196.1
μ	[226.7, 317.6]	271.9	272.0	572.4
ω^2	[183.6, 16542.1]	1310.9	3337.6	358907876.5
ν^2	[4490.1, 7025.9]	5565.9	5616.6	418418.8

大学アと大学イと…と大学カが分析に際して選ばれたのは、無作為に抽出された、偶然の結果にすぎません。ですからそれら 6 校の推定値は、計算の都合で上表のように求められてはいますけれども、どうこう論じることにあまり意味がありません。もちろん、論じてはならないというわけではありません。

X_{ij}の分散は、詳しい説明は省略しますが、$\nu^2+\omega^2$です。したがって$\dfrac{\omega^2}{\nu^2+\omega^2}$は、大学間のばらつきが$X_{ij}$の分散に占める割合を意味します。この値が大きいほど、要するに、学校間に格差があるわけです。

この具体例における X_{ij} の仮定は、

$$X_{ij} \sim N(\mu_i, \nu^2)$$

でした。もしかすると X_{ij} には、1 か月あたりのアルバイト額が影響しているかもしれません。1 か月あたりのアルバイト額も考慮して分析したいのであれば、△△新聞社は、その具体的な値を回答者に訊くとともに、たとえば、

$$X_{ij} \sim N(az_{ij} + b_i, \nu^2) \quad \text{つまり} \quad X_{ij} = az_{ij} + b_i + \epsilon_{ij}$$

と仮定するのがいいでしょう。z_{ij} の意味は、「大学 i で j 番目に抽出した下宿生の、1 か月あたりのアルバイト額」です。

これで私の授業は
全て終わりです
カラン
ふ～
今日の授業は長かったし
計算も多かったですね
しっかり
復習します
ぜひ
そうしてね
それで
どうだった？
ベイズ統計学の
雰囲気はつかめた？
はい
かなりわかってきた
気がします！
あかね先生の統計学

ところで
茜先生
お誕生日
おめでとうございます！
スッ
ぱっ
えーーーっ!?
わざわざ
いいのに
ありがとう

あら
山吹さんも
ありがとう！
私からも
お誕生日のプレゼントと
授業のお礼ということで
お受け取りください
ななみちゃんこそ
お誕生日おめでとう！
ゴソゴソ
キャッ
キャッ
ありがとうございます！

それから……
こっちは紺野さんへの
誕生日プレゼントです

えっ
あ、ありがとう
ございます
かわいい…
でも
どうして
私にまで？

これまでの授業で
紺野さんの
一生懸命なところに
ずっと励まされたので……
そんな
とんでもない

実は……
山吹さんと一緒に
授業を受けることになって
どうなることかと
最初は思ってたんですが……
ハハ
やっぱり
そう思われて
ましたか…

笑顔が意外と多かったり
甘いもの好きだったりする
山吹さんの姿を知って
いつも楽しかったです

!!
はっ

もしかして
山吹さんが牡丹町に
彼女といたのは
このプレゼントの
準備のためですか？

あ、あれは妹です！
やだなぁー とぼけないでくださいよ
テレちゃって〜！

え
彼女って！?

何を女性に贈ったら喜ばれるのかわからなくて……
それで妹についてきてもらったんです
プレゼント選びに付き合ってくれないか？
しょうがないな〜
ニヤニヤ

えっ！? 妹さん？
牡丹町にいたか授業前に訊かれたのはそういうことか……

かんちがい…

あの……
紺野さん！
一緒に今度
遊園地のヒーローショーを
観に行きませんか？
あら
えっ
え――――！
一緒にですか!?
あらあら
……
じゃあ
ジェットコースターにも
乗りましょうね！
えっ!?

ズーン…
ジェットコースターが
大好きなんです！
ゴオオオオッ
キャー
山吹さんは
そうでもない
みたいだけど……？

あはは…

だ、大丈夫です！
これも自分を変える
ための挑戦です！
乗りましょう！
ブルブル
ガタガタ

……あの２人の
関係はこれから
どうなるのかな……？
どうなる
でしょうねえ……

うわあ！
びっくりした！
いつの間に…
彼らの関係が
発展する確率は
どれくらいだと思います？
さあ……

でも
２人の表情を
見てくださいよ

付録

1. 事前分布についての前提と事後分布

2. 収束の判断

1. 事前分布についての前提と事後分布

159ページの例では、事前確率密度関数と尤度関数と事後確率密度関数の関係を、

$$\begin{aligned}\pi(\mu,\sigma^2 \mid x_1,\cdots,x_n) &\propto f(x_1,\cdots,x_n \mid \mu,\sigma^2)\times\pi(\mu,\sigma^2)\\ &= f(x_1,\cdots,x_n \mid \mu,\sigma^2)\times\pi(\mu)\times\pi(\sigma^2)\end{aligned}$$

と定義しました。なおかつ事前分布を、

・ $\mu \sim U(0,\ C_1)$

・ $\sigma^2 \sim U(0,\ C_2)$

と定義しました。これらの前提から導かれた条件付き事後分布は、

・ $\mu \mid \sigma^2,\ x_1,\ \cdots,\ x_n \sim N\left(\overline{x},\left(\dfrac{\sigma}{\sqrt{n}}\right)^2\right)$

・ $\sigma^2 \mid \mu,\ x_1,\ \cdots,\ x_n \sim IG\left(\dfrac{n}{2}-1,\ \dfrac{S+n(\mu-\overline{x})^2}{2}\right)$

でした。この条件付き事後分布を「type A」と呼ぶことにします。

当たり前ですが、事前分布についての前提が変われば導かれる事後分布も変わります。具体的にどのように変わるのか、159ページの例で2つ示します。

混乱を避ける都合上、平方和を S でなく S_x と表記することにします。

1.1 Type B

Step1

事前確率密度関数と尤度関数と事後確率密度関数の関係を確認する。

$$\begin{aligned}\pi(\mu,\ \sigma^2 \mid x_1,\ \cdots,\ x_n) &\propto f(x_1,\ \cdots,\ x_n \mid \mu,\ \sigma^2)\times\pi(\mu,\ \sigma^2)\\ &= f(x_1,\ \cdots,\ x_n \mid \mu,\ \sigma^2)\times\pi(\mu)\times\pi(\sigma^2)\end{aligned}$$

Step2

事前確率密度関数を定義する。

事前分布を、自然な共役事前分布の性質を活かすため、

- $\mu \sim N(m,\ s^2)$

- $\sigma^2 \sim IG(\alpha,\ \beta)$

と定義する。つまり事前確率密度関数である $\pi(\mu)$ と $\pi(\sigma^2)$ を次のように定義する。なお m と s と α と β は、ここでは文字で表記しているけれども、実際には分析者が具体的な値を設定すべきものである。

- $\pi(\mu) = \dfrac{1}{\sqrt{2\pi}s} \exp\left(-\dfrac{(\mu - m)^2}{2s^2}\right) \propto \exp\left(-\dfrac{(\mu - m)^2}{2s^2}\right)$

- $\pi(\sigma^2) = \dfrac{\beta^\alpha}{\Gamma(\alpha)} (\sigma^2)^{-(\alpha+1)} \exp\left(-\dfrac{\beta}{\sigma^2}\right) \propto (\sigma^2)^{-(\alpha+1)} \exp\left(-\dfrac{\beta}{\sigma^2}\right)$

Step3

尤度関数を整理する。

163 ページと同じく、次のように整理できる。

$$f(x_1, \cdots, x_n \mid \mu,\ \sigma^2) \propto (\sigma^2)^{-\frac{n}{2}} \exp\left(-\frac{S_x + n(\mu - \overline{x})^2}{2\sigma^2}\right)$$

Step4

事後確率密度関数を整理する。

$$
\begin{aligned}
&\pi(\mu,\ \sigma^2 |\ x_1,\ \cdots,\ x_n) \\
&\propto f(x_1,\ \cdots,\ x_n \mid \mu,\ \sigma^2) \times \pi(\mu) \times \pi(\sigma^2) \\
&\propto (\sigma^2)^{-\frac{n}{2}} \exp\left(-\frac{S_x + n(\mu - \overline{x})^2}{2\sigma^2}\right) \times \exp\left(-\frac{(\mu - m)^2}{2s^2}\right) \times (\sigma^2)^{-(\alpha+1)} \exp\left(-\frac{\beta}{\sigma^2}\right) \\
&= (\sigma^2)^{-\left\{\left(\alpha+\frac{n}{2}\right)+1\right\}} \exp\left\{-\frac{S_x + n(\mu - \overline{x})^2 + 2\beta}{2\sigma^2} - \frac{(\mu - m)^2}{2s^2}\right\}
\end{aligned}
$$

Step5

条件付き事後確率密度関数を整理する。

計算が煩雑なので結論を先に書くと、条件付き事後分布は、

・ $\mu \mid \sigma^2,\ x_1,\ \cdots,\ x_n \sim N\left(\dfrac{\dfrac{n\overline{x}}{\sigma^2} + \dfrac{m}{s^2}}{\dfrac{n}{\sigma^2} + \dfrac{1}{s^2}},\ \left(\dfrac{1}{\sqrt{\dfrac{n}{\sigma^2} + \dfrac{1}{s^2}}}\right)^2\right)$

・ $\sigma^2 \mid \mu,\ x_1,\ \cdots,\ x_n \sim IG\left(\alpha + \dfrac{n}{2},\ \beta + \dfrac{S_x + n(\mu - \overline{x})^2}{2}\right)$

である。これらに対応する条件付き事後確率密度関数は次のとおりである。

■ $\pi(\sigma^2 \mid \mu,\ x_1, \cdots,\ x_n)$ の整理

$$
\pi(\sigma^2 \mid \mu,\ x_1, \cdots,\ x_n) \propto (\sigma^2)^{-\left\{\left(\alpha+\frac{n}{2}\right)+1\right\}} \exp\left\{-\frac{\beta + \dfrac{S_x + n(\mu - \overline{x})^2}{2}}{\sigma^2}\right\}
$$

■ $\pi(\mu \mid \sigma^2, x_1, \cdots, x_n)$ の整理

$$
\begin{aligned}
&\pi(\mu \mid \sigma^2, x_1, \cdots, x_n)\\
&\propto \exp\left\{-\frac{1}{2}\left(\frac{n(\mu-\overline{x})^2}{\sigma^2}+\frac{(\mu-m)^2}{s^2}\right)\right\}
\end{aligned}
$$

$$
\begin{aligned}
&\frac{n(\mu-\overline{x})^2}{\sigma^2}+\frac{(\mu-m)^2}{s^2}\\
&=\frac{n}{\sigma^2}\mu^2-2\frac{n\overline{x}}{\sigma^2}\mu+\frac{n(\overline{x})^2}{\sigma^2}+\frac{1}{s^2}\mu^2-2\frac{m}{s^2}\mu+\frac{m^2}{s^2}\\
&=\left(\frac{n}{\sigma^2}+\frac{1}{s^2}\right)\mu^2-2\left(\frac{n\overline{x}}{\sigma^2}+\frac{m}{s^2}\right)\mu+\frac{n(\overline{x})^2}{\sigma^2}+\frac{m^2}{s^2}\\
&=\left(\frac{n}{\sigma^2}+\frac{1}{s^2}\right)\left(\mu-\frac{\frac{n\overline{x}}{\sigma^2}+\frac{m}{s^2}}{\frac{n}{\sigma^2}+\frac{1}{s^2}}\right)^2-\left(\frac{n}{\sigma^2}+\frac{1}{s^2}\right)\left(\frac{\frac{n\overline{x}}{\sigma^2}+\frac{m}{s^2}}{\frac{n}{\sigma^2}+\frac{1}{s^2}}\right)^2+\frac{n(\overline{x})^2}{\sigma^2}+\frac{m^2}{s^2}
\end{aligned}
$$

$$
\begin{aligned}
&=\exp\left\{-\frac{1}{2}\left(\frac{n}{\sigma^2}+\frac{1}{s^2}\right)\left(\mu-\frac{\frac{n\overline{x}}{\sigma^2}+\frac{m}{s^2}}{\frac{n}{\sigma^2}+\frac{1}{s^2}}\right)^2\right\}\times\exp\left\{-\frac{1}{2}\left(-\left(\frac{n}{\sigma^2}+\frac{1}{s^2}\right)\left(\frac{\frac{n\overline{x}}{\sigma^2}+\frac{m}{s^2}}{\frac{n}{\sigma^2}+\frac{1}{s^2}}\right)^2+\frac{n(\overline{x})^2}{\sigma^2}+\frac{m^2}{s^2}\right)\right\}\\
&\propto \exp\left\{-\frac{1}{2}\left(\frac{n}{\sigma^2}+\frac{1}{s^2}\right)\left(\mu-\frac{\frac{n\overline{x}}{\sigma^2}+\frac{m}{s^2}}{\frac{n}{\sigma^2}+\frac{1}{s^2}}\right)^2\right\}\\
&=\exp\left\{-\frac{\left(\mu-\frac{\frac{n\overline{x}}{\sigma^2}+\frac{m}{s^2}}{\frac{n}{\sigma^2}+\frac{1}{s^2}}\right)^2}{2\left(\frac{1}{\sqrt{\frac{n}{\sigma^2}+\frac{1}{s^2}}}\right)^2}\right\}
\end{aligned}
$$

1.2 Type C

Step1

事前確率密度関数と尤度関数と事後確率密度関数の関係を確認する。

事前確率密度関数 $\pi(\mu, \sigma^2)$ について、

$$\pi(\mu, \sigma^2) = \pi(\mu \mid \sigma^2) \times \pi(\sigma^2)$$

と定義する。したがって次のとおりである。

$$\begin{aligned}\pi(\mu, \sigma^2 \mid x_1, \cdots, x_n) &\propto f(x_1, \cdots, x_n \mid \mu, \sigma^2) \times \pi(\mu, \sigma^2) \\ &= f(x_1, \cdots, x_n \mid \mu, \sigma^2) \times \pi(\mu \mid \sigma^2) \times \pi(\sigma^2)\end{aligned}$$

Step2

事前確率密度関数を定義する。

事前分布を、

- $\mu \mid \sigma^2 \sim N\left(m, \left(\frac{\sigma}{\sqrt{s}}\right)^2\right)$
- $\sigma^2 \sim IG(\alpha, \beta)$

と定義する。つまり $\pi(\mu \mid \sigma^2)$ と $\pi(\sigma^2)$ を次のように定義する。なお m と s と α と β は、ここでは文字で表記しているけれども、実際には分析者が具体的な値を設定すべきものである。

- $\pi(\mu \mid \sigma^2) = \dfrac{1}{\sqrt{2\pi}\dfrac{\sigma}{\sqrt{s}}} \exp\left(-\dfrac{(\mu - m)^2}{2\left(\dfrac{\sigma}{\sqrt{s}}\right)^2}\right) \propto (\sigma^2)^{-\frac{1}{2}} \exp\left(-\dfrac{s(\mu - m)^2}{2\sigma^2}\right)$
- $\pi(\sigma^2) = \dfrac{\beta^\alpha}{\Gamma(\alpha)} (\sigma^2)^{-(\alpha+1)} \exp\left(-\dfrac{\beta}{\sigma^2}\right) \propto (\sigma^2)^{-(\alpha+1)} \exp\left(-\dfrac{\beta}{\sigma^2}\right)$

Step3

尤度関数を整理する。

163 ページと同じく、次のように整理できる。

$$f(x_1,\cdots,x_n\mid\mu,\sigma^2)\propto(\sigma^2)^{-\frac{n}{2}}\exp\left(-\frac{S_x+n(\mu-\overline{x})^2}{2\sigma^2}\right)$$

Step4

事後確率密度関数を整理する。

$$\begin{aligned}&\pi(\mu,\ \sigma^2\mid x_1,\cdots,x_n)\\&\propto f(x_1,\cdots,x_n\mid\mu,\sigma^2)\times\pi(\mu\mid\sigma^2)\times\pi(\sigma^2)\\&\propto(\sigma^2)^{-\frac{n}{2}}\exp\left(-\frac{S_x+n(\mu-\overline{x})^2}{2\sigma^2}\right)\times(\sigma^2)^{-\frac{1}{2}}\exp\left(-\frac{s(\mu-m)^2}{2\sigma^2}\right)\times(\sigma^2)^{-(\alpha+1)}\exp\left(-\frac{\beta}{\sigma^2}\right)\\&=(\sigma^2)^{-\left\{\left(\alpha+\frac{n+1}{2}\right)+1\right\}}\exp\left(-\frac{S_x+n(\mu-\overline{x})^2+s(\mu-m)^2+2\beta}{2\sigma^2}\right)\end{aligned}$$

$$\begin{aligned}&n(\mu-\overline{x})^2+s(\mu-m)^2\\&=n(\mu^2-2\overline{x}\mu+(\overline{x})^2)+s(\mu^2-2m\mu+m^2)\\&=(n+s)\mu^2-2(n\overline{x}+ms)\mu+n(\overline{x})^2+m^2s\\&=(n+s)\left\{\left(\mu-\frac{n\overline{x}+ms}{n+s}\right)^2-\left(\frac{n\overline{x}+ms}{n+s}\right)^2\right\}+n(\overline{x})^2+m^2s\\&=(n+s)\left(\mu-\frac{n\overline{x}+ms}{n+s}\right)^2-\frac{(n\overline{x}+ms)^2}{n+s}+\frac{(n+s)(n(\overline{x})^2+m^2s)}{n+s}\\&=(n+s)\left(\mu-\frac{n\overline{x}+ms}{n+s}\right)^2+\frac{-(n\overline{x})^2-2(n\overline{x})(ms)-(ms)^2}{n+s}+\frac{(n\overline{x})^2+m^2ns+ns(\overline{x})^2+(ms)^2}{n+s}\\&=(n+s)\left(\mu-\frac{n\overline{x}+ms}{n+s}\right)^2+\frac{ns(-2\overline{x}m+m^2+(\overline{x})^2}{n+s}\\&=(n+s)\left(\mu-\frac{n\overline{x}+ms}{n+s}\right)^2+\frac{ns(\overline{x}-m)^2}{n+s}\end{aligned}$$

$$=(\sigma^2)^{-\left\{\left(\alpha+\frac{n+1}{2}\right)+1\right\}}\exp\left\{-\frac{(n+s)\left(\mu-\frac{n\overline{x}+ms}{n+s}\right)^2+\frac{ns(\overline{x}-m)^2}{n+s}+S_x+2\beta}{2\sigma^2}\right\}$$

Step5

条件付き事後確率密度関数を整理する。

条件付き事後確率密度関数は次のとおりである。

・ $$\pi(\mu \mid \sigma^2, x_1, \cdots, x_n) \propto \exp\left\{-\frac{(n+s)\left(\mu-\dfrac{n\overline{x}+ms}{n+s}\right)^2}{2\sigma^2}\right\} = \exp\left\{-\frac{\left(\mu-\dfrac{n\overline{x}+ms}{n+s}\right)^2}{2\left(\dfrac{\sigma}{\sqrt{n+s}}\right)^2}\right\}$$

・ $$\pi(\sigma^2 \mid \mu, x_1, \cdots, x_n) \propto (\sigma^2)^{-\left\{\left(\alpha+\frac{n+1}{2}\right)+1\right\}} \exp\left\{-\frac{\beta+\dfrac{S_x+(n+s)\left(\mu-\dfrac{n\overline{x}+ms}{n+s}\right)^2+\dfrac{ns(\overline{x}-m)^2}{n+s}}{2}}{\sigma^2}\right\}$$

1.3 まとめ

ここまでに説明した、3つのタイプの事前分布と条件付き事後分布をまとめたのが下表です。紙面の都合上、条件付き事後分布の欄における「$\mu|\sigma^2, x_1, \cdots, x_n$」を「$\mu|\sigma^2$」と表記し、「$\sigma^2|\mu, x_1, \cdots, x_n$」を「$\sigma^2|\mu$」と表記しています。

	事前分布	条件付き事後分布
Type A	$\mu \sim U(0, C_1)$	$\rightarrow \mu\,|\,\sigma^2 \sim N\left(\overline{x}, \left(\frac{\sigma}{\sqrt{n}}\right)^2\right)$
	$\sigma^2 \sim U(0, C_2)$	$\rightarrow \sigma^2\,|\,\mu \sim IG\left(\frac{n}{2}-1, \frac{S_x + n(\mu-\overline{x})^2}{2}\right)$
Type B	$\mu \sim N(m, s^2)$	$\rightarrow \mu\,|\,\sigma^2 \sim N\left(\frac{\frac{n\overline{x}}{\sigma^2}+\frac{m}{s^2}}{\frac{n}{\sigma^2}+\frac{1}{s^2}}, \left(\frac{1}{\sqrt{\frac{n}{\sigma^2}+\frac{1}{s^2}}}\right)^2\right)$
	$\sigma^2 \sim IG(\alpha, \beta)$	$\rightarrow \sigma^2\,|\,\mu \sim IG\left(\alpha+\frac{n}{2}, \beta+\frac{S_x + n(\mu-\overline{x})^2}{2}\right)$
Type C	$\mu\,|\,\sigma^2 \sim N\left(m, \left(\frac{\sigma}{\sqrt{s}}\right)^2\right)$	$\rightarrow \mu\,|\,\sigma^2 \sim N\left(\frac{n\overline{x}+ms}{n+s}, \left(\frac{\sigma}{\sqrt{n+s}}\right)^2\right)$
	$\sigma^2 \sim IG(\alpha, \beta)$	$\rightarrow \sigma^2\,|\,\mu \sim IG\left(\alpha+\frac{n+1}{2}, \beta+\frac{S_x+(n+s)\left(\mu-\frac{n\overline{x}+ms}{n+s}\right)^2+\frac{ns(\overline{x}-m)^2}{n+s}}{2}\right)$

αの値もβの値もほぼ0であるとします。上表からわかるように、Type B における条件付き事後分布は、sの値を大きめに定義したなら Type A のそれとおおよそ一致します。Type C における条件付き事後分布は、sの値を0程度に定義したなら Type A のそれとおおよそ一致します。

2. 収束の判断

マルコフ連鎖が不変分布に至ることを**収束**と言います。

154 ページなどでは、不変分布である事後分布にマルコフ連鎖が収束したかどうかをグラフで判断しました。もっと数学的に判断する方法を 2 つ紹介します。

推定値を求めたいパラメータは 1 つだけであり、それはθであるとします。

2.1 Geweke の方法

Geweke の方法は、おおまかに言って、生成された乱数の先頭側と後尾側の平均が同じであるかどうかを確認するものです。

具体的に説明します。154 ページなどと同様のグラフを描いたところ、1 番目から T 番目までの乱数を除いた、${}^{(T+1)}\theta, {}^{(T+2)}\theta, \cdots, {}^{(T+\tau)}\theta$ の値が安定しているように感じられたとします。ならば、まず、

- $\overline{\theta}_A = \dfrac{{}^{(T+1)}\theta + {}^{(T+2)}\theta + \cdots + {}^{(T+n_A)}\theta}{n_A}$
- $\overline{\theta}_B = \dfrac{{}^{(T+\tau)}\theta + {}^{(T+\tau-1)}\theta + \cdots + {}^{(T+\tau-(n_B-1))}\theta}{n_B}$

を求めます[1]。当該のマルコフ連鎖が収束しているなら、$\overline{\theta}_A$ の値と $\overline{\theta}_B$ の値は大差ないはずです。つぎに、当該のマルコフ連鎖が収束しているなら、

- ${}^{(T+1)}\theta, {}^{(T+2)}\theta, \cdots, {}^{(T+n_A)}\theta$ **を構成要素とする標本**
- ${}^{(T+\tau)}\theta, {}^{(T+\tau-1)}\theta, \cdots, {}^{(T+\tau-(n_B-1))}\theta$ **を構成要素とする標本**

のいずれも同一の母集団から抽出されていると言えることを理解します。最後に、

$$Z = \frac{\overline{\theta}_A - \overline{\theta}_B}{\sqrt{\hat{V}(\overline{\theta}_A) + \hat{V}(\overline{\theta}_B)}} \sim N(0, 1)$$

という関係[2]が近似的に成立することを踏まえて、一般的な統計学における統計的仮説検定をおこないます。帰無仮説と対立仮説は次ページの表のとおりです。

1 $\begin{cases} n_A = 0.1\tau \\ n_B = 0.5\tau \end{cases}$ とするのが一般的であるようです。

2 $\hat{V}(\overline{\theta}_A)$ は $\overline{\theta}_A$ の分散の推定値を意味していて、$\hat{V}(\overline{\theta}_B)$ は $\overline{\theta}_B$ の分散の推定値を意味しています。

帰無仮説	当該のマルコフ連鎖は収束している。 言いかえると、$\mu_A = \mu_B$ である。
対立仮説	当該のマルコフ連鎖は収束していない。 言いかえると、$\mu_A \neq \mu_B$ である。

179 ページで述べたように、統計的仮説検定において「対立仮説は正しい」という結論が得られなかったら、「帰無仮説は誤っているとは言えない」と結論づけます。ただし Geweke の方法では、そうしないと統計的仮説検定をおこなった意味がないので、思い切って「帰無仮説は正しい」と判断します。

2.2 Gelman と Rubin の方法

Gelman と Rubin の方法は、初期値の異なる m 本のマルコフ連鎖の全てが収束しているかどうかを確認するものです。

具体的に説明します。154 ページなどと同様のグラフを描いたところ、1 番目から T 番目までの乱数を除いた、

$$\begin{cases} {}^{(1,T+1)}\theta,\ {}^{(1,T+2)}\theta,\ \cdots,\ {}^{(1,T+\tau)}\theta \\ {}^{(2,T+1)}\theta,\ {}^{(2,T+2)}\theta,\ \cdots,\ {}^{(2,T+\tau)}\theta \\ \cdots\cdots\cdots\cdots\cdots\cdots\cdots\cdots\cdots \\ {}^{(m,T+1)}\theta,\ {}^{(m,T+2)}\theta,\cdots,\ {}^{(m,T+\tau)}\theta \end{cases}$$

という m 本のいずれも値が安定しているように感じられたとします。ならば、まず、

・$$\begin{cases} \overline{\theta}_1 = \dfrac{{}^{(1,T+1)}\theta + {}^{(1,T+2)}\theta + \cdots + {}^{(1,T+\tau)}\theta}{\tau} \\ \overline{\theta}_2 = \dfrac{{}^{(2,T+1)}\theta + {}^{(2,T+2)}\theta + \cdots + {}^{(2,T+\tau)}\theta}{\tau} \\ \cdots\cdots\cdots\cdots\cdots\cdots\cdots\cdots\cdots\cdots\cdots\cdots \\ \overline{\theta}_m = \dfrac{{}^{(m,T+1)}\theta + {}^{(m,T+2)}\theta + \cdots + {}^{(m,T+\tau)}\theta}{\tau} \end{cases}$$

・$\overline{\theta} = \dfrac{\overline{\theta}_1 + \overline{\theta}_2 + \cdots + \overline{\theta}_m}{m}$

を求めます。つぎに、

・ $\hat{V}_B(\theta) = \dfrac{(\overline{\theta}_1 - \overline{\theta})^2 \times \tau + \cdots + (\overline{\theta}_m - \overline{\theta})^2 \times \tau}{m-1}$

・ $\hat{V}_W(\theta) = \dfrac{1}{m}\left\{\dfrac{({}^{(1,T+1)}\theta - \overline{\theta}_1)^2 + \cdots + ({}^{(1,T+\tau)}\theta - \overline{\theta}_1)^2}{\tau - 1} + \cdots + \dfrac{({}^{(m,T+1)}\theta - \overline{\theta}_m)^2 + \cdots + ({}^{(m,T+\tau)}\theta - \overline{\theta}_m)^2}{\tau - 1}\right\}$

を求めます。$\hat{V}_B(\theta)$ は m 本のマルコフ連鎖間のばらつきを意味していて、$\hat{V}_W(\theta)$ は 1 本のマルコフ連鎖内のばらつきを意味しています。なお m 本のマルコフ連鎖の全てが収束しているなら、不変分布である事後分布における θ の分散の $V(\theta)$ について、

$$V(\theta) \approx \frac{\tau - 1}{\tau}\hat{V}_W(\theta) + \frac{1}{\tau}\hat{V}_B(\theta)$$

という関係の成立することが知られています[3]。さて最後に、

$$\hat{R} = \frac{\frac{\tau - 1}{\tau}\hat{V}_W(\theta) + \frac{1}{\tau}\hat{V}_B(\theta)}{\hat{V}_W(\theta)}$$

を求めます。

$\hat{R}$ を書き替えると、

$$\begin{aligned}\hat{R} &= \frac{\frac{\tau - 1}{\tau}\hat{V}_W(\theta) + \frac{1}{\tau}\hat{V}_B(\theta)}{\hat{V}_W(\theta)} \\ &= \frac{\tau - 1}{\tau} + \frac{1}{\tau} \times \frac{\hat{V}_B(\theta)}{\hat{V}_W(\theta)} \\ &= 1 - \frac{1}{\tau} + \frac{1}{\tau} \times \frac{\hat{V}_B(\theta)}{\hat{V}_W(\theta)} \\ &= 1 + \frac{1}{\tau}\left(\frac{\hat{V}_B(\theta)}{\hat{V}_W(\theta)} - 1\right)\end{aligned}$$

です。収束していないマルコフ連鎖が 1 本でもあったなら、m 本のマルコフ連鎖間のばらつきである $\hat{V}_B(\theta)$ の値が大きくなるので、$\hat{R}$ の値も大きくなります。$\hat{R} < 1.2$ くらいなら m 本のマルコフ連鎖の全てが収束していると判断します。

3　厳密に言うと、$\frac{\tau - 1}{\tau}\hat{V}_W(\theta) + \frac{1}{\tau}\hat{V}_B(\theta)$ は $V(\theta)$ の不偏推定値です。

参考文献

伊庭幸人など『計算統計 II』（岩波書店）2005
小西貞則 / 越智義道 / 大森裕浩『計算統計学の方法』（朝倉書店）2008
坂元慶行 / 石黒真木夫 / 北川源四郎『情報量統計学』（共立出版）1983
鈴木武 / 山田作太郎『数理統計学』（内田老鶴圃）1996
高橋信『忙しいアナタのための　レスＱ！　医療統計学』（東京図書）2011
丹後俊郎 / タエコ・ベック『ベイジアン統計解析の実際』（朝倉書店）2011
豊田秀樹（編）『マルコフ連鎖モンテカルロ法』（朝倉書店）2008
豊田秀樹『基礎からのベイズ統計学』（朝倉書店）2015
中妻照雄『入門　ベイズ統計学』（朝倉書店）2007
野田一雄 / 宮岡悦良『入門・演習　数理統計』（共立出版）1990
平岡和幸 / 堀玄『プログラミングのための確率統計』（オーム社）2009
松原望『ベイズ統計学概説』（培風館）2010
宮岡悦良（監訳）『医薬データ解析のためのベイズ統計学』（共立出版）2016
村田昇『新版　情報理論の基礎』（サイエンス社）2008

索　引

英数字

ア行

カ行

サ行

タ行

ナ行

ハ行

マ行

ヤ行

〈著者経歴〉
高橋　信（たかはし　しん）
1972 年新潟県生まれ。九州芸術工科大学（現　九州大学）大学院芸術工学研究科情報伝達専攻修了。データ分析業務やセミナー講師業務に長く従事した後、現在は著述家。
http://www.geocities.jp/sinta9695/

＜著書＞
『マンガでわかる統計学』（オーム社）
『マンガでわかる統計学【回帰分析編】』（オーム社）
『マンガでわかる統計学【因子分析編】』（オーム社）
『マンガでわかる線形代数』（オーム社）
『やさしい実験計画法』（オーム社）
『入門　信号処理のための数学』（オーム社）
『Excel で学ぶコレスポンデンス分析』（オーム社）
『すぐ読める生存時間解析』（東京図書）
『忙しいアナタのための　レスＱ！　医療統計学』（東京図書）
『データ分析入門』（PHP 研究所）
『日本語教師体験記　湖北省黄岡市での 1 年間』（Amazon Kindle）

◉作　　画　上地優歩（うえじ　ゆうほ）

◉制　　作　株式会社ウェルテ：新井聡史（あらい　さとし）

マンガでわかるベイズ統計学

平成29年11月25日　第1版第1刷発行

著　者　高橋　信
作　画　上地優歩
制　作　ウェルテ
発行者　村上和夫
発行所　株式会社 オーム社
郵便番号　101-8460
東京都千代田区神田錦町3-1
電話　03(3233)0641(代表)
URL　http://www.ohmsha.co.jp/

組版　ウェルテ　　印刷・製本　図書印刷
ISBN978-4-274-22135-4　Printed in Japan